云南主要牲畜吸血库蠓

云南省畜牧兽医科学院　编

中国农业出版社
北　京

编委会

《云南主要牲畜吸血库蠓》

Yunnan main blood sucking *Culicoides* associated with livestock

主编：李　乐　　　廖德芳

编委：Glenn Bellis　段莹亮　李占鸿　肖　雷

FOREWORD 前言

库蠓是热带、亚热带养殖场中常见的吸血害虫，肉眼观之为很小的黑点，对人类、牲畜和野生动物刺叮、吸血，骚扰宿主并导致瘙痒和过敏反应，使宿主极度不适。库蠓除了吸血、骚扰、引起严重的过敏反应外，还是蓝舌病、流行性出血病、非洲马瘟等多种人畜疾病传播的重要媒介。库蠓种类繁多，在云南的库蠓种类就有70多种，养殖场中常见的有50种以上。不同种群的库蠓能够携带和传播的病原种类区别非常大，有的库蠓，如残肢库蠓*Culicoides imicola*是世界上传播疫病最广泛的库蠓种类。云南气候类型丰富，因此库蠓种群的基因多样性也比较复杂，本书对主要养殖场相关吸血库蠓的定义、分类、蠓传病毒、库蠓控制等进行了详细描写，对科研、教学、疫病控制，以及外来虫媒疫病预警等都有重要意义。

中国的库蠓研究开始于20世纪80年代，主要代表为虞以新主编的《中国蠓科昆虫》，在库蠓的分类上自成体系，与西方传统的库蠓分类有一定的区别，对中国、日本、韩国等东亚国家的库蠓研究有重要的影响。东南亚一带在英国、澳大利亚等国的学者带领下，从20世纪60年代开始进行库蠓分类的研究，其中代表为Wirth 和 Hubert 于1989出版的*The Culicoides of Southeast Asia*，遵循的是西方公认的库蠓分类系统。云南的库蠓种群和东南亚一带的库蠓种群非常相近，很多库蠓为东南亚同种库蠓。所以，本书在库蠓种群的亚属分类上主要以Wirth 和Hubert的分类系统为参考，同时结合国内的库蠓研究成果进行补充。其中检索表由澳大利亚著名库蠓分类学家、东南亚库蠓研究重要人员、本书的编委之一Glenn Bellis博士设计。

云南的库蠓分类研究还在进行中，不断有新种被报告和发现，由于时间的限制，本书不能包括最新发现的库蠓种群，希望得到读者谅解。在分类和检索方面可能也有不完备的地方，希望得到批评指正。

编　者

2023年12月

CONTENTS 目录

第1章 概 述

1.1 吸血库蠓定义和分类地位

库蠓属*Culicoides*是节肢动物门Arthropoda昆虫纲Insecta双翅目Diptera蠓科Ceratopogonidae拥有蠓种最多的一个属，全世界已知现存库蠓1 300多种，新的库蠓种类还在不断发现中。库蠓占全部现存蠓种的23.5%。我国现存已知库蠓305种，占世界库蠓已知种的25.2%，是拥有库蠓种类最多的国家。已知库蠓分为33个亚属（subgenus）和38个物种群（species group）。吸血库蠓是指有吸食动物血液习性的库蠓，其中，和养殖业密切相关的有二囊亚属*Avaritia*、霍蠓亚属*Hoffmania*、三囊亚属*Trithecoides*等10个亚属。

1.2 畜牧养殖相关的吸血库蠓

大部分雌性库蠓需要吸食动物血液才能够繁殖后代，吸食的动物种类很广，包括哺乳动物、鸟类、爬行动物、昆虫等，不同的库蠓对不同的动物有特定的嗜好，还因此进化出了特殊的口器结构和爪子结构。比如，荒川库蠓*C. arakawai*主要吸食鸟类的血，口器特征为小而尖锐的牙齿，适合在鸟类皮肤上切割采血，在养禽场采集到的库蠓90%以上是该种群；嗜蚊库蠓*C. anophelis*偏好吸食蚊子的血液，口器中有明显倒钩结构。不同的家畜会吸引不同的库蠓，在距离非常近的养牛场和养羊场采集到的库蠓种群结构有显著的区别。

畜牧养殖相关的吸血库蠓是指在养殖场采集到的、偏好吸食家畜的吸血库蠓。在家畜养殖场采集到的库蠓种群和在野外环境采集到的库蠓种群不同，家畜养殖场的环境和野外环境区别较大，在养殖场采集到的库蠓普遍喜欢潮湿、高热的环境，喜欢在粪便和养殖场附近潮湿的地方繁殖后代。本书中所列库蠓全部为在云南养殖场中采集到的库蠓，和畜牧生产有密切的关系。

1.3 库蠓的分布

库蠓种类繁多、分布广泛，其分布具多样性，表现为随着自然界温度升高向温暖地区递增的普遍规律。吸血库蠓主要分布在热带、亚热带和温带地区。从南半球的新西兰到北半球的冰岛，以及夏威夷群岛和海拔4 000m以下的地区均有分布，全世界发现有1 300多种库蠓，和中国云南接壤的东南亚地区有库蠓168种。

我国发现有305种库蠓，从黑龙江到云南、从新疆到广东都有采集到库蠓样品，其中黑龙江（珍宝岛）、吉林（长白山、珲春）、辽宁（大连）、内蒙古（二连浩特、满洲里）、宁夏（银川）、甘肃（河西走廊）、新疆（塔什库尔干、阿克苏、霍城）、山东（威海、曲阜）、安徽（滁州）、西藏（错那、察隅）、云南（蒙自）、江苏（无锡）、浙江（舟山）、福建（武夷、漳州）、广西（凭祥）、广东（珠海）等地都有样品记录。

1.4 云南畜牧养殖相关的吸血库蠓

云南气候有北热带、南亚热带、中亚热带、北亚热带、暖温带、中温带、高原气候区等7个温度带气候类型。云南气候兼具低纬气候、季风气候、山原气候的特点。丰富的气候类型造就了云南动、植物种类丰富的特点，因此云南被称为“动植物王国”。同样，云南也是库蠓王国。在云南发现的库蠓有70多种，而且新的库蠓种类随着调查的深入还在不断被发现。其中，在云南发现的库蠓中和畜牧养殖相关的有50多种，常见的牲畜吸血库蠓都在本书中列出。

根据调查，云南与牲畜相关的吸血库蠓主要有8种组成结构，分布在不同气候类型区域：①以条带库蠓*C. tainanus* 为主的库蠓种群结构，主要存在于潮湿的温带和亚热带地带，代表区域是金沙江河谷地区；②以残肢库蠓*C. imicola*为主的库蠓种群结构，主要存在于热带地区干热河谷和亚热带干燥地区，代表区域是红河河谷，以及干燥的楚雄禄丰地区；③以不显库蠓*C. obsoletus*、刺螯库蠓*C. punctatus*为主的库蠓种群结构，主要分布潮湿的高海拔温带地区，如保山腾冲；④以库蠓亚属*Culicoides*为主的库蠓种群结构，主要分布于高寒地区，如迪庆香格里拉。⑤以东方库蠓*C. orientalis*为主的库蠓种群结构，主要分布在低海拔热带地区，如西双版纳；⑥以三囊亚属为主的库蠓种群结构，主要分布在湿热的热带地区，如普洱江城、红河河口等；⑦在热带地区常常见到尖喙库蠓*C. oxystoma*的暴发性繁殖，在特定时期，尖喙库蠓的占比可达90%以上，但持续时间不长；⑧以荒川库蠓为主的库蠓种群结构，可以在禽类养殖场中观察到。

1.5 吸血库蠓对畜牧业生产的危害

吸血库蠓体型细小（体长1 ~ 2.5mm），翅长约0.9mm，肉眼可见为很小的黑点。对人类、牲畜和野生动物的刺叮、吸血会造成宿主被骚扰、瘙痒和过敏反应，导致宿主极度不适。世界著名库蠓学家Kettle曾提到：“一只库蠓的出现可以满足人类对昆虫学研究的好奇心，然而一千只库蠓的出现将是地狱！”被蠓刺叮后引起的典型体征是局部瘙痒和刺痛，伴有局部皮肤微热感，随后出现丘疹或肿块，严重者次日出现水疱或溃疡（炎性渗出），约一周后结痂，痂消失后会有黑色斑点沉着，多持续数月，更严重者甚至出现全身性过敏反应。

吸血库蠓除了吸血、骚扰、引起严重的过敏反应外，还是多种人畜疾病传播的重要媒介。在生产上，对牛、羊影响较大的虫媒病毒病主要有蓝舌病（Bluetongue，BT）、非洲马瘟（African horse sickness，AHS）、流行性出血病（Epizootic hemorrhagic disease,

EHD)、牛流行热（Bovine ephemeral fever，BEF）、赤羽病（Akabane，AKA）、施马伦贝格病（Schmallenberg，SB）等。

吸血库蠓可感染多种动物和人类，对畜牧业生产和人类健康构成严重威胁。上述虫媒病毒病的暴发和流行可给牛、羊养殖业造成严重的经济损失，不仅导致牛、羊的出口贸易受到限制，直接影响畜产品正常的国际贸易，而且在畜牧业生产和动物福利方面均有不同程度的间接影响。以蓝舌病（BT）为例，蓝舌病是由吸血库蠓传播的、感染反刍动物引起主要的宿主发病和死亡的一种虫媒病毒病。库蠓是蓝舌病毒（BTV）唯一的传播媒介。该病主要感染绵羊，牛通常是亚临床感染者，是主要的宿主。自从1998年蓝舌病传入欧洲以来，由BTV引发的疾病已经造成了超过100万只绵羊死亡，BT还扰乱了动物和动物产品的贸易，据估计，仅在美国每年就造成1.25亿美元的损失。全球每年因BT暴发和流行导致的动物及其产品贸易损失高达30亿美元。在欧洲，BT已成为继口蹄疫后最受关注的重要动物疫病之一。

近十余年来，由于全球气候变暖和海平面上升，各种媒介昆虫的活动范围正在不断扩大，在我国有向北方、向较高海拔和寒冷地区扩散的趋势，这给虫媒病的防控带来了严峻的挑战。

1.6 吸血库蠓种群分类的意义

虽然世界上目前已经鉴定出1 300多种库蠓，但不是所有种类都能传播虫媒病毒病。研究表明，只有30种库蠓可携带并传播蓝舌病，其他病毒，如非洲马瘟、流行性出血病、牛流行热、赤羽病、施马伦贝格病都只有特定种类的库蠓才能够传播。对云南吸血库蠓进行的BTV核酸调查表明，只有少部分库蠓，如条带库蠓、残肢库蠓、不显库蠓、连斑库蠓*C. jacobsoni*，携带较高的病毒核酸（*Ct*值<25），在几乎所有的霍蠓亚属、三囊亚属库蠓中，都没有发现显著的BTV核酸，这证明BTV流行和库蠓种群的相关性非常高。这些研究解释了某些虫媒病毒容易在某些特定地方流行的原因。

云南库蠓种群结构变化多样性表明，温度、湿度对库蠓种群结构的影响非常大，因此通过对吸血库蠓的种群进行分类鉴定，来获取媒介昆虫动态分布数据，掌握其分布和活动规律，能够因地、因时制宜，达到除害灭病的目的。同时，吸血库蠓的分布和活动规律与全球气候变化和环境改变密切相关，对吸血库蠓的研究可为气候变化及生态环境的研究提供参考数据，对促进生态保护和持续健康发展具指导意义。

第2章　云南吸血库蠓的检索表

英文：Glenn Bellis；中文：李乐

2.1 检索表使用的名词

2.1.1 库蠓的触角及触角嗅觉器

库蠓的触角分15节，第1 ~ 2节为基部，第3 ~ 10节较短，第11 ~ 15节较长（图2-1A），触角上分布有嗅觉器（sensilla coeloconica，SCo，图2-1B），大部分库蠓嗅觉器分布于触角第3，11 ~ 15节（特殊情况者另将提及）。注意，国际上最新的分类不包括第1节和第2节，所以原来的第3节就是现在的第1节，原来的第15节就是现在的第13节。本书主要参考的资料为虞以新主编的《中国蠓科昆虫》[①]以及Wirth和Hubert编写的*The Culicoides of Southeast Asia*[②]的分类方法，所以沿用老版本。

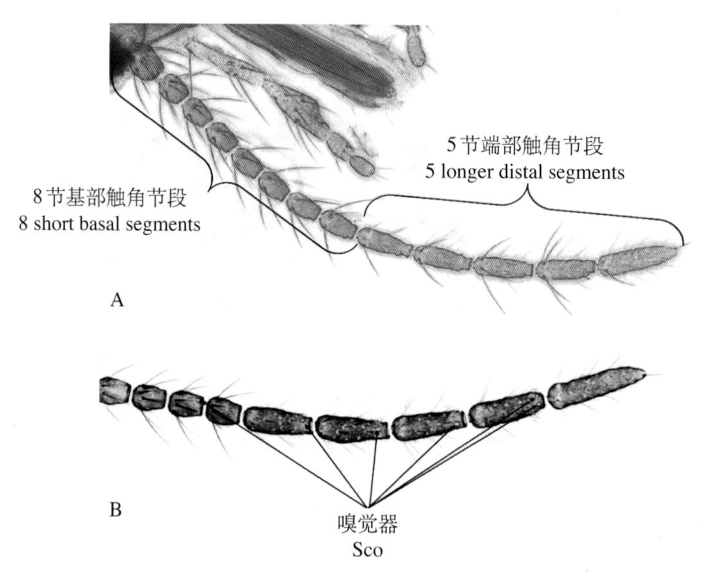

图2-1　库蠓的触角及触角嗅觉器

① 虞以新.中国蠓科昆虫[M].北京：军事医学科学出版社.2006.

② Wirth W W, Hubert A A. The *Culicoides* of Southeast Asia[M]. Gainesville: American Entomological Institute, 1989.

2.1.2 库蠓的触须和第3节触须感觉器分布

库蠓的触须分为5节，其中第3节较大，有感觉器，分散（图2-2A）或者集中（图2-2B）在感觉器窝中，这是分类的重要依据。

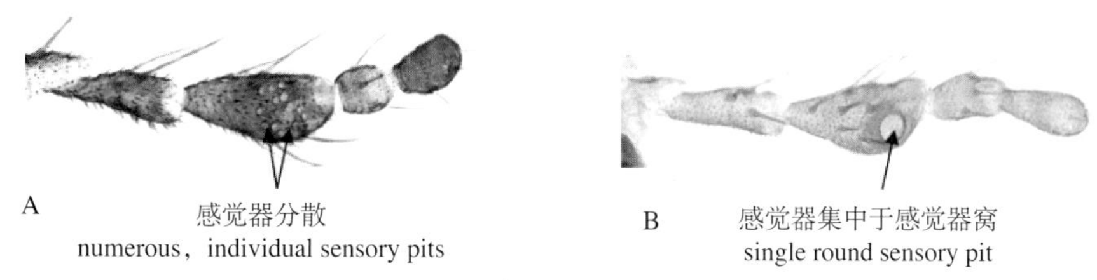

图2-2　触须和感觉器窝

2.1.3 库蠓复眼连接情况和柔毛

两复眼相连情况和小眼面间有无柔毛是库蠓重要分类信息（图2-3）。在虞以新主编的《中国蠓科昆虫》中，这是库蠓进行亚属分类的重要信息。

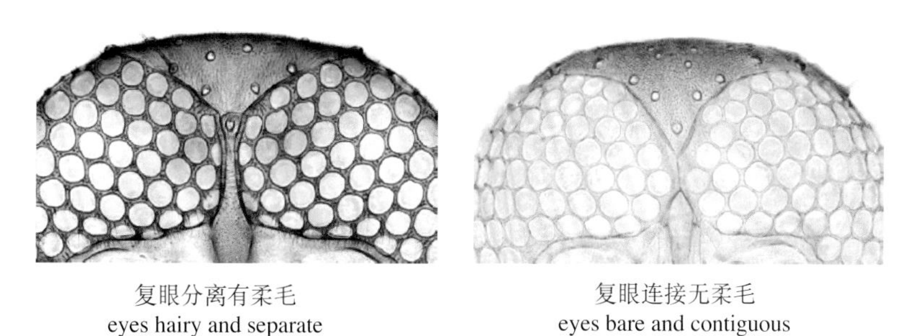

图2-3　复眼类型

2.1.4 库蠓的颚齿

大颚齿、小颚齿的数量是分类的重要标志，图2-4是库蠓大颚齿的分布位置示意。颚齿需要用显微镜油镜（100×）才能清晰观察到。

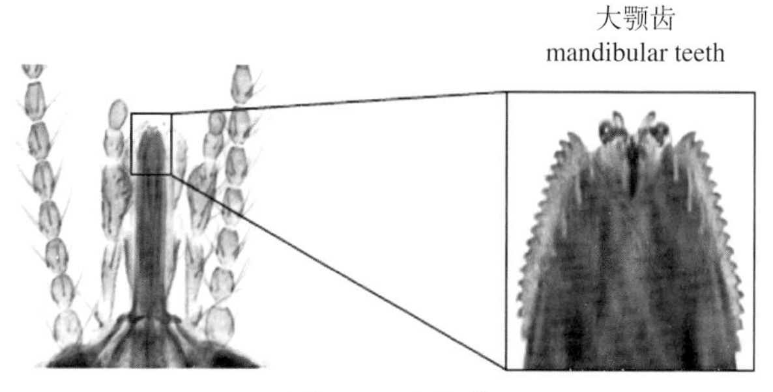

图2-4　大颚齿

2.1.5 库蠓的受精囊

库蠓受精囊的数量是分类依据之一，常见的有单受精囊、双受精囊、三受精囊，有的还包括1个发育不全的棒状受精囊。连接部分有的颈长，有的颈短，颈的底部是环（图2-5）。

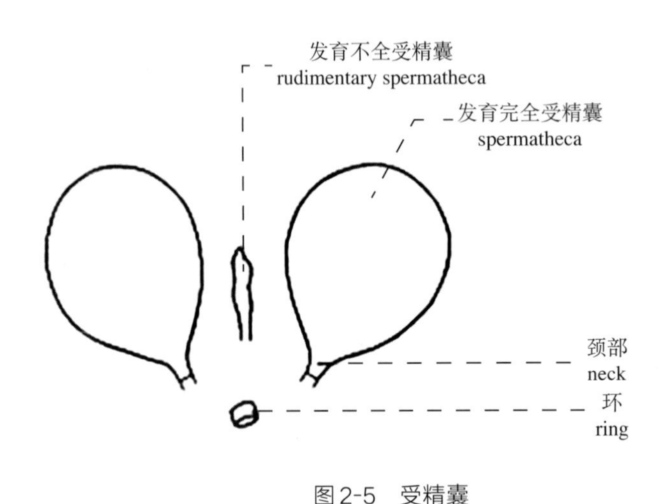

图2-5 受精囊

2.1.6 库蠓分类中常用的相关比例

PH（proboscis head）：口器长度，除以口器加头部的长度。

PR（palpal ratio）：第3节触须的长宽比。

AR（antennal ratio）：库蠓末端5节长触角的长度和，除以第3～10节短触角的长度和。

TR（tibial ratio）：后肢第1节和第2节的比例。

CR（costal ratio）：翅基部到径2室顶部的长度，除以翅基部到翅端的长度。

本书常用PR和AR，是分类的重要指标，需要注意比较。

2.1.7 库蠓翅分区以及新旧版本对比

翅分区（图2-6）目前的版本和以前的版本不一样，虞以新主编的《中国蠓科昆虫》按老版本进行分区描述。本书中的描述如果标注引用《中国蠓科昆虫》，说明采用的是老版本；相反，如果未标明引用《中国蠓科昆虫》，则说明采用的是新版本。老版本和新版本的最大区别在于R_5室。R_5也称径5室，新版本中R_5为cell R_3，也就是径3室。径5室和径3室为同一室。翅分区中，其他常用的中、英文名有：cell R_1，即径1室；cell R_2，即径2室；cell M_1，即中1室；cell M_2，即中2室；cell M_4，即中4室；anal cell，即臀室。

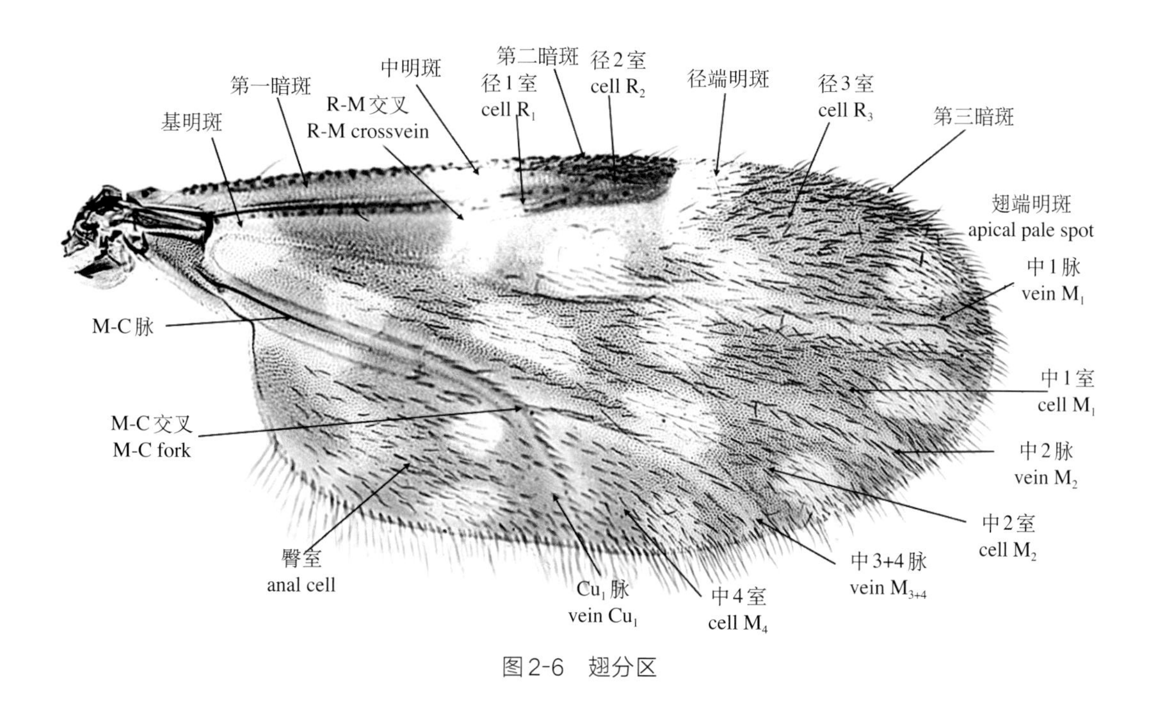

图2-6 翅分区

2.2 云南家畜常见吸血库蠓检索表（中英文对照）

1 背板（a1）浅色或深棕色，和侧板的颜色相似（a2）[Scutum（a1）pale or dark brown and of similar colour to lower pleuron（a2）] ………………………………………………… 2

背板（b1）黄色或者明显比侧板（b2）的颜色浅，有些种类在背板前部（b3）或者小盾板前面（b4）有褐色斑块（部分三囊亚属）[Scutum（b1）yellow and distinctly paler than lower pleuron（b2）but may have brown markings on anterior scutum（b3）or in front of scutellum（b4）（subgenus *Trithecoides* in part）] ………………………………………………… 48

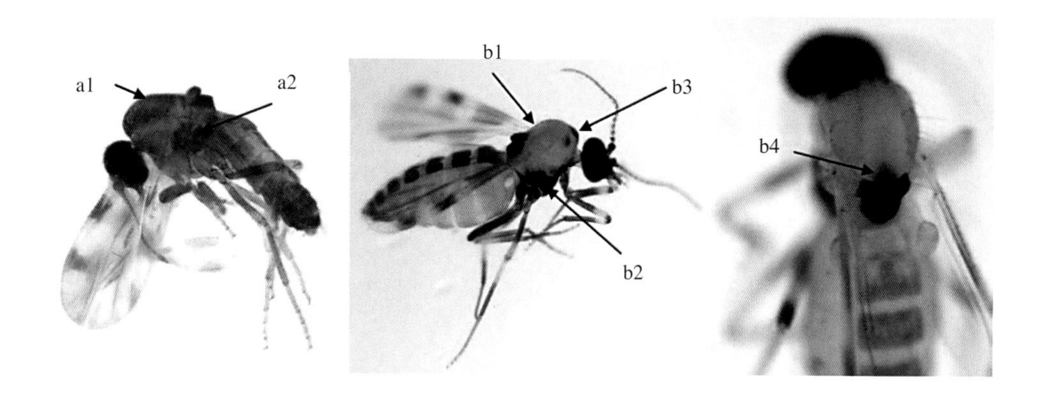

2 翅中4室有黑色斑点，被浅色包围（a1）或者C状包围（a2）[Wing with dark spot in cell M_4 either entirely surrounded by pale area（a1）or surrounded by a C-shaped pale marking（a2）] ………………… 3

翅中4室没有黑色斑点（b）[Wing without dark spot in cell M_4 surrounded by pale area（b）] ………… 6

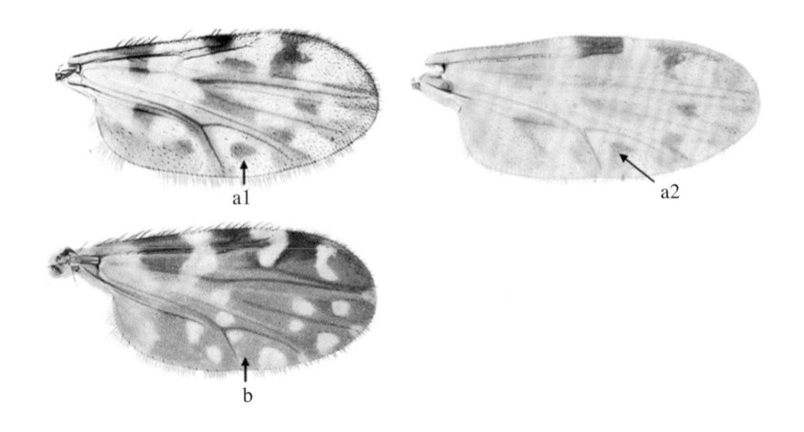

3 翅径2室全黑（a）（单囊亚属）[Wing with apex of cell R_2 dark（a）（ subgenus *Monoculicoides*）] ……………………………………………………………………………………… 原野库蠓*C. homotomus*

翅径2室顶端浅色（b）（库蠓亚属）[Wing with apex of cell R_2 pale（b）（subgenus *Culicoides*）] …… 4

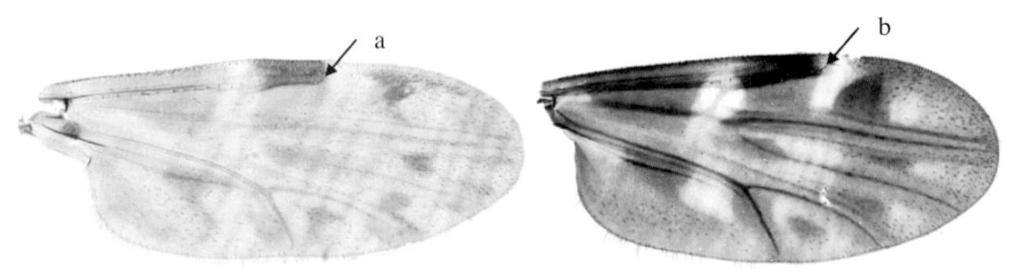

C. homotomus

4 翅径3室中浅色斑充满径3室顶端（a）[Apical pale spot in cell R_3 reaching wing margin and filling apex of cell（a）] ……………………………………………………………… 刺螯库蠓*C. punctatus*

翅径3室中浅色斑未充满径3室顶端（b）[Apical pale spot in cell R_3 not reaching wing margin or filling apex of cell（b）]……………………………………………………………………………………… 5

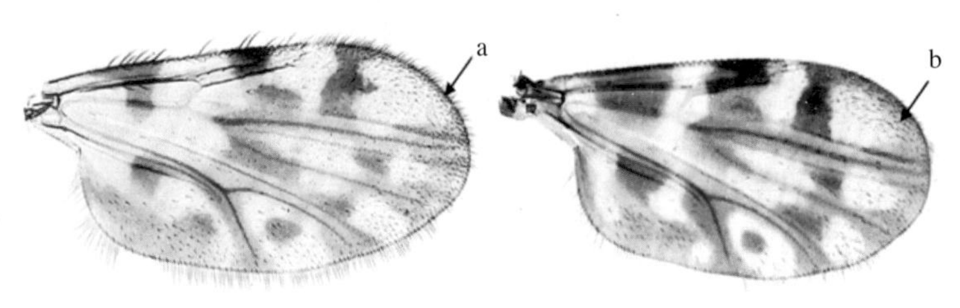

C. punctatus

5 翅臀室基部浅色斑延伸至翅侧边缘（a1）；中明斑到达翅上边缘部分较宽（a2）[Basal pale spot in anal cell transverse and extending to almost reach wing margin（a1）; pale spot over R-M crossvein broadly reaching wing margin（a2）] ……………………………………类刺螯库蠓 *C.* cf. *punctatus*

（补充）翅端明斑小，距离翅前端边缘距离较长 …………………………………… 类黑色库蠓 *C.* cf. *pelius*

翅臀室基部浅色斑小而圆（b1）；中明斑到达翅上边缘部分较窄（b2）[Basal pale spot in anal cell small and extending along M-Cu vein（b1）; pale spot over R-M crossvein not or barely reaching wing margin（b2）]……………………………………………………………… 类聂拉木库蠓 *C.* cf. *nielamensis*

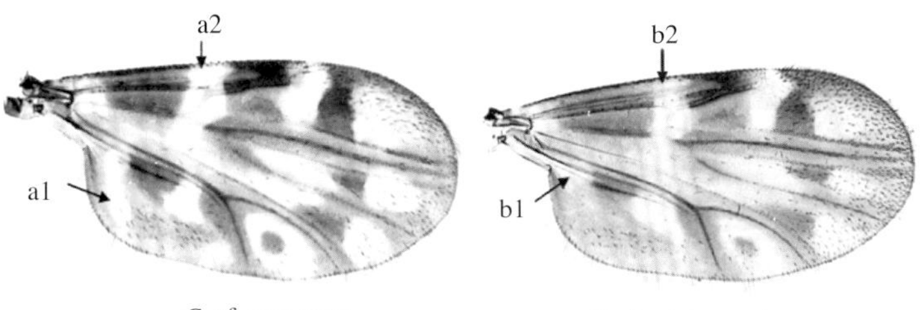

C. cf. *punctatus*　　*C.* cf. *nielamensis*

6 径3室除径端明斑外，有两个独立明显的浅色斑（a）[Cell R_3 with 2 pale spots distad of poststigmatic pale spot（a）] …………………………………………………………………………………… 7

径3室除径端明斑外，有一个独立明显的浅色斑（b1）或者有一个不甚明显的翅端明斑（b2）[Cell R_3 with 1 pale spot distad of poststigmatic pale spot（b1）or with apical pale markings indistinct（b2）] ……9

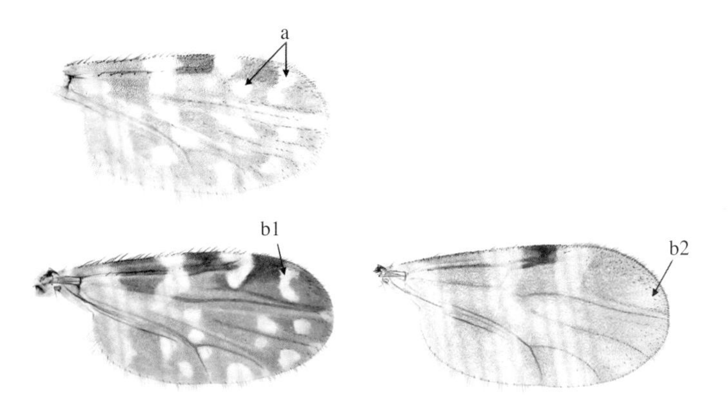

7 径2室顶端浅色（a）[Wing with apex of cell R_2 pale（a）] ………………………………屏东库蠓 *C. hui*

径2室顶端黑色（b）[Wing with apex of cell R_2 dark（b）] …………………………………………………… 8

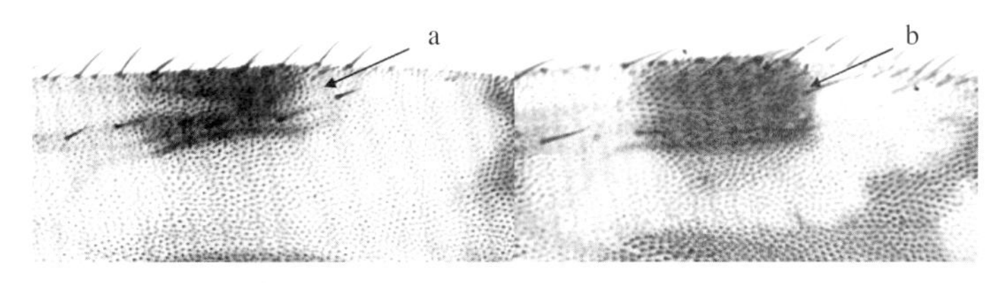

C. hui

8 翅径3室顶端白斑为双联球形状且未靠近边缘（a）（*Remmia*亚属）[Cell R_3 with apical pale spot bilobed and distant from cell apex (a) (subgenus *Remmia*)] ······················ 尖喙库蠓*C. oxystoma*

翅径3室顶端白斑小而圆且靠近边缘（b）（肖特库蠓群组）[Cell R_3 with apical pale spot small, round and in apex of cell (b) (*Shortti* group)] ·· 肖特库蠓*C. shortti*

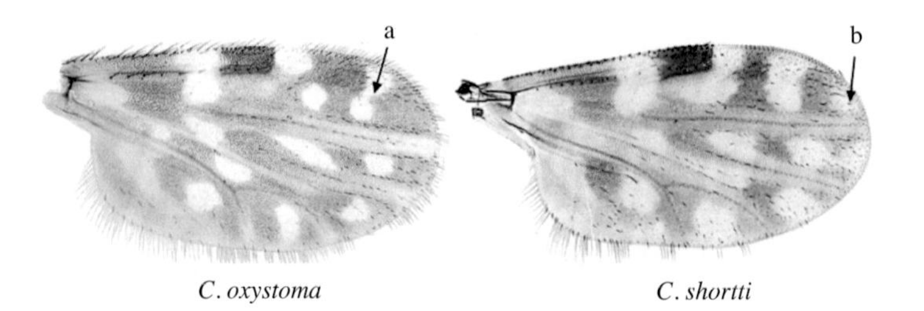

C. oxystoma *C. shortti*

9 翅径3室的翅端明斑（a1）和径端明斑（a2）一样明显而且边缘清晰[Wing with apical pale spot in cell R_3 (a1) as distinct as poststigmatic spot (a2)] ·· 10

径3室的翅端明斑（b1）缺乏或者相比径端明斑（b2）不甚清晰，或者是一条狭窄的跨越径3室和中1室端部的白斑（b3）[Wing with apical pale spot in cell R_3 either absent or much less distinct (b1) than poststigmatic spot (b2) or confined to a narrow transverse bar across apices of cells R_3 and M_1 (b3)] ·· 63

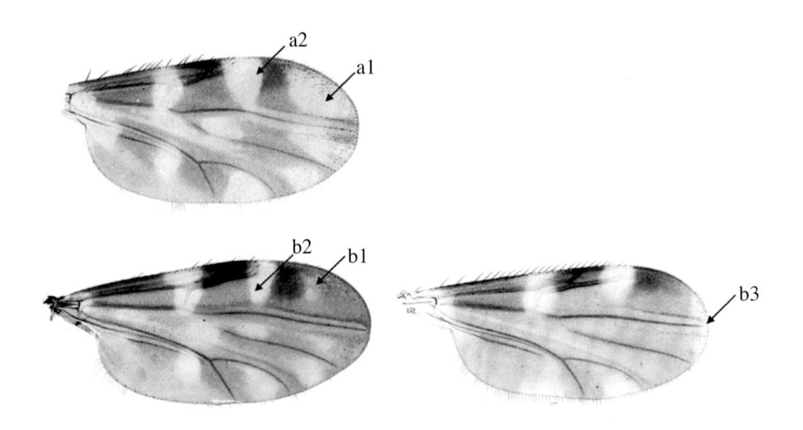

10 径3室端部有小而圆的翅端明斑，到顶端边缘的距离不超过明斑直径（a）[Cell R_3 with apical pale spot round, compact and no more than its own width from apex of cell (a)] ························· 11

径3室翅端明斑不规则或者到顶端边缘的距离超过明斑宽度（b）[Cell R_3 with apical pale spot either irregular or more than its own width from apex of cell (b)] ···································· 18

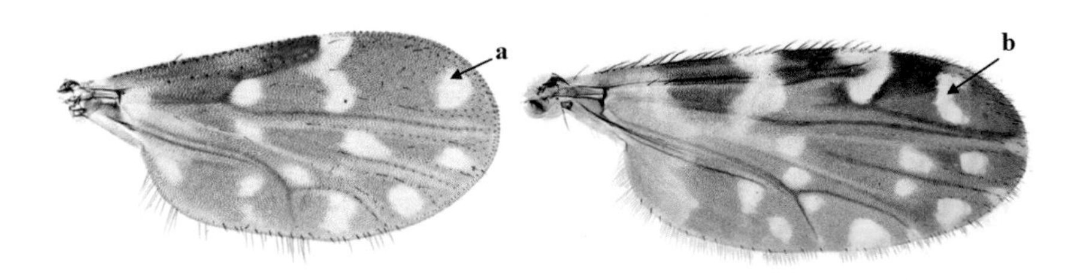

11 翅径2室部分为浅色（a）[Wing with part of lumen of cell R_2 pale（a）] ································ 12

翅径2室全黑，或者径脉大部分包括在径端白斑中（b）[Wing with cell R_2 entirely dark or at most, apical vein included in pale spot（b）] ································ 13

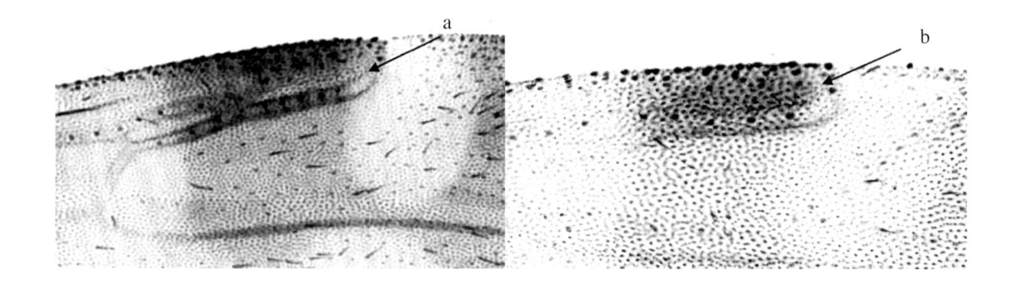

12 M-Cu脉基部浅色（a1），有一条明显不连续的跨越径端明斑到中4室的白带（a2）[Wing with base of vein M-Cu pale（a1）; transverse line of discrete pale markings extending from poststigmatic pale spot to cell M_4（a2）] ································ 类南竿库蠓 *C*. cf. *nankanensis*

M-Cu脉基部深色（b1），没有明显连续的跨越径端明斑到中4室的白带（b2）[Wing with base of vein M-Cu entirely dark（b1）; without transverse line of discrete pale markings extending from poststigmatic pale spot to cell M_4（b2）] ································ 缘斑库蠓 *C*. *marginus*

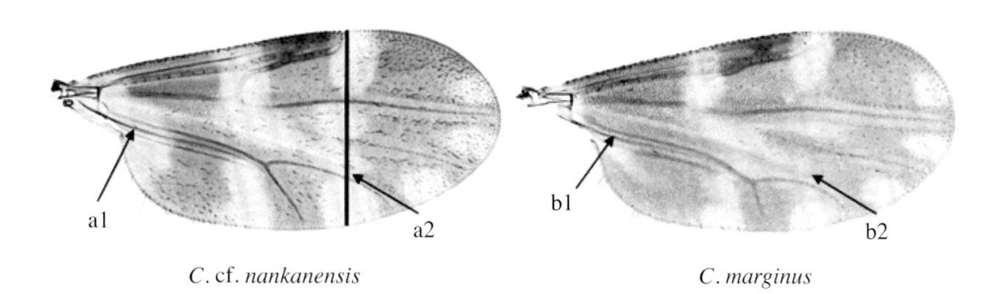

C. cf. *nankanensis*　　*C*. *marginus*

13 M-Cu交叉上有一小而圆的浅色斑（a）（棒须库蠓群组）[Wing with a small, round pale spot present immediately anterior to medio-cubital fork（a）（*Clavipalpis* group）] ································ 14

M-Cu交叉上没有浅色斑（b）（带纹亚属）[Wing without a small, rounded pale spot anterior to M-Cu fork（b）（subgenus *Meijerehelea*）] ································ 16

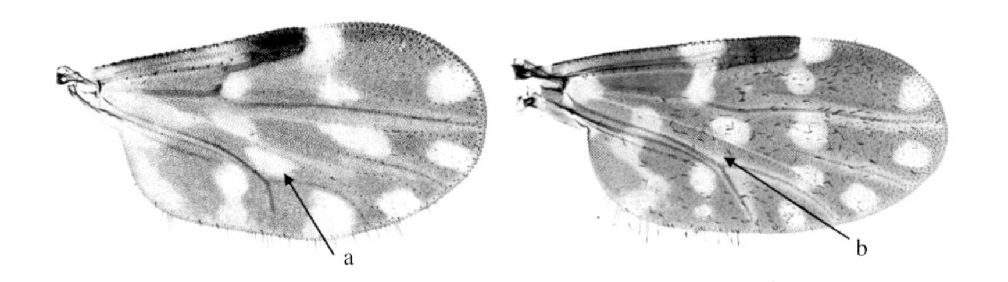

14 中1脉和径端明斑之间有独立浅色斑（a）[Pale spot present between poststigmatic pale spot and vein M_1（a）] ………………………………………………………………………… 霍飞库蠓 *C. huffi*

中1脉和径端明斑之间没有独立浅色斑（b）[No pale spot present between poststigmatic pale spot and vein M_1（b）] ……………………………………………………………………… 15

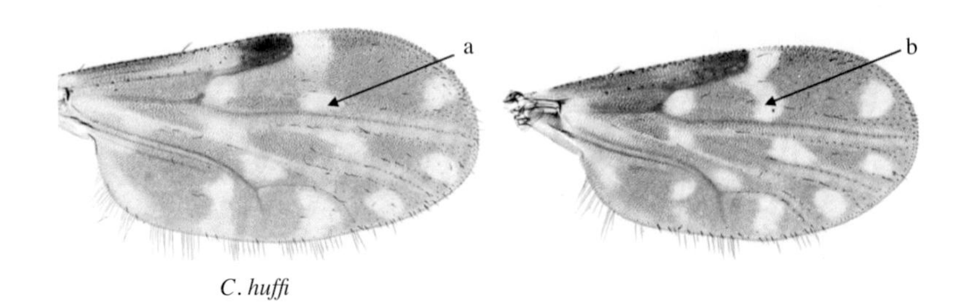

C. huffi

15 径端明斑呈波纹状，一直延伸到中1脉（a）[Poststigmatic pale spot sinuate, reaching vein M_1（a）] ……………………………………………………………………………… 棒须库蠓 *C. clavipalpis*

径端明斑呈圆形，未延伸到中1脉（b）[Poststigmatic pale spot rounded, not reaching vein M_1（b）] ……………………………………………………………………………… 北京库蠓 *C. morisitai*

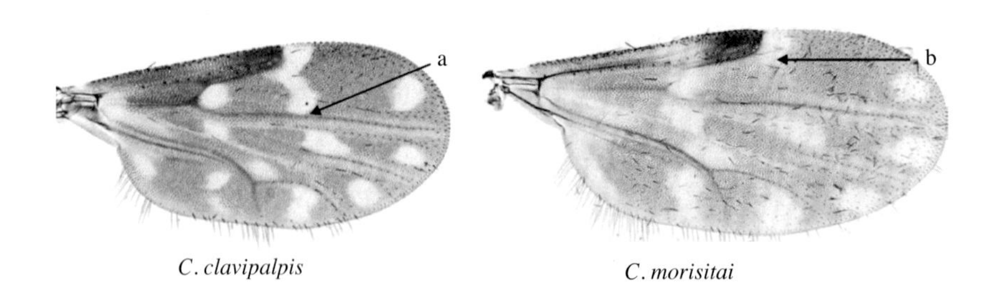

C. clavipalpis *C. morisitai*

16 从径端明斑开始有5个小而圆的明斑，近似直线一直排列到中4室（a）[Wing with 5 small, rounded pale spots in transverse line posterior to poststigmatic pale spot（a）] …………………… 17

从径端明斑开始有4个小而圆的明斑，近似直线一直排列到中4室（b）[Wing with 4 small, rounded pale spots in transverse line posterior to poststigmatic pale spot（b）] … 赫氏库蠓 *C. hegneri*

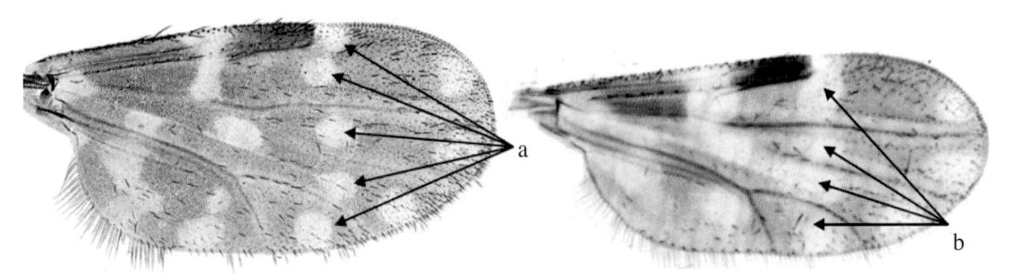

C. hegneri

17 径室下面有白斑接触中1脉（a1），受精囊导管较长，导致受精囊常常在腹部中间（a2）[Pale spot posterior to radial cells touching vein M_1（a1）；spermathecal duct long，spermatheca often around midpoint of abdomen（a2）] ······························ 滴斑库蠓 *C. guttifer*

径室下面无白斑（b1）或者白斑未接触中1脉（b2），受精囊靠近腹部边缘（b3）[Pale spot posterior to radial cells either absent（b1）or not touching vein M_1（b2）；spermathecal duct shorter，spermatheca usually close to apex of abdomen（b3）] ······························ 荒川库蠓 *C. arakawai* 或者 *C. mahasarakhamense*

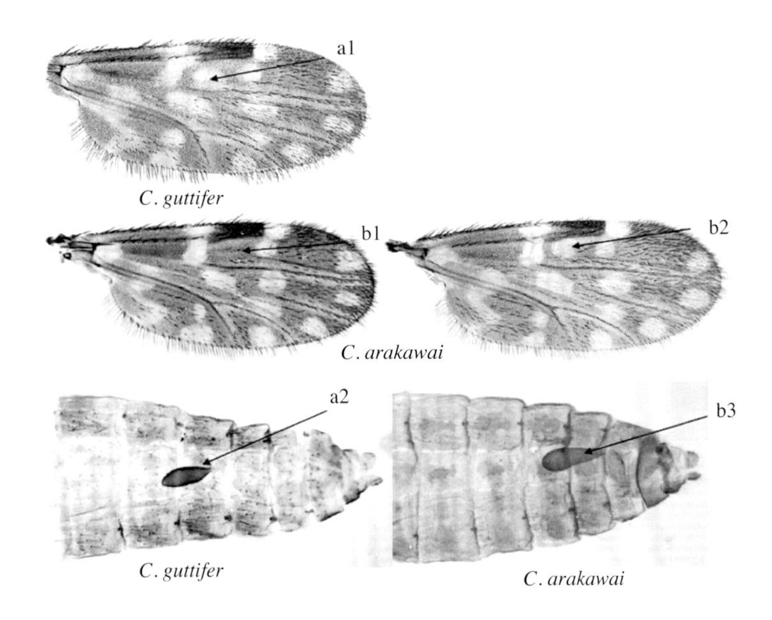

18 径3室翅端明斑到达或者几乎到达翅边缘（a）[Apical pale marking in cell R_3 reaching or almost reaching apex of cell（a）] ······························ 19

径3室翅端明斑未到达翅边缘或者接近翅边缘时会逐步虚化（b）[Apical pale marking in cell R_3 not reaching or becoming faint as it approaches the apex（b）] ······························ 32

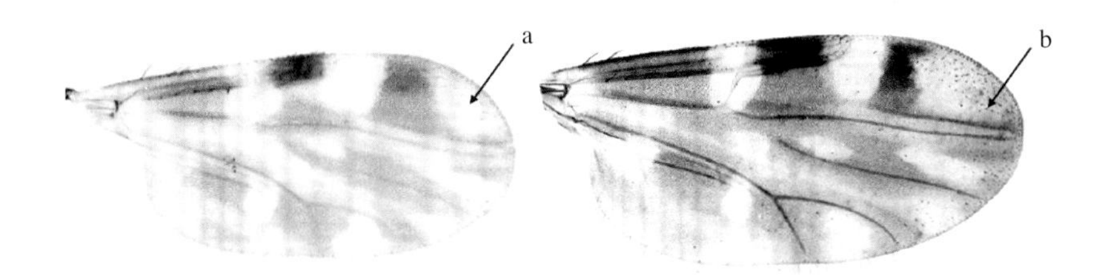

19 翅径2室（a1）长度大约是径1室（a2）的2倍，大部分都包含在径端明斑中（a3）[Wing with cell R_2（a1）about twice as long as cell R_1（a2）and mostly included in pale spot（a3）] ·················· 20

翅径2室（b1）长度大约是径1室（b2）的1.5倍，大约1/2包含在径端明斑中（b3）（部分二囊亚属）[Wing with cell R_2（b1）no more than 1.5 times as long as cell R_1（b2）and with about distal 1/2 included in pale spot（b3）（subgenus *Avaritia* in part）] ······························ 22

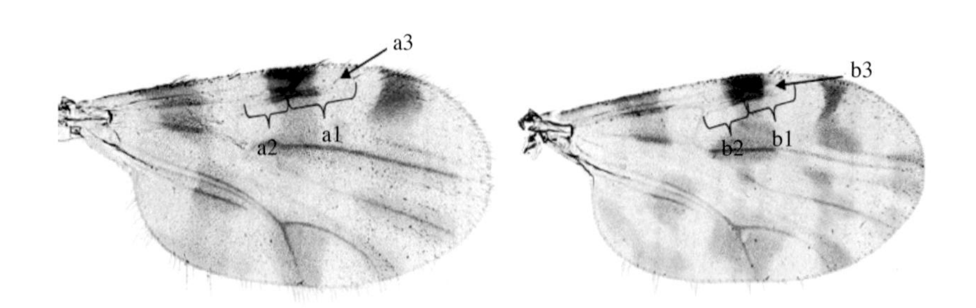

20 中4室基部淡色（a）[Base of cell M_4 pale（a）] ……………………………………………新竹库蠓 *C. liui*

中4室基部黑色（b）（三囊亚属）[Base of cell M_4 dark（b）（subgenus *Trithecoides*）] …………… 21

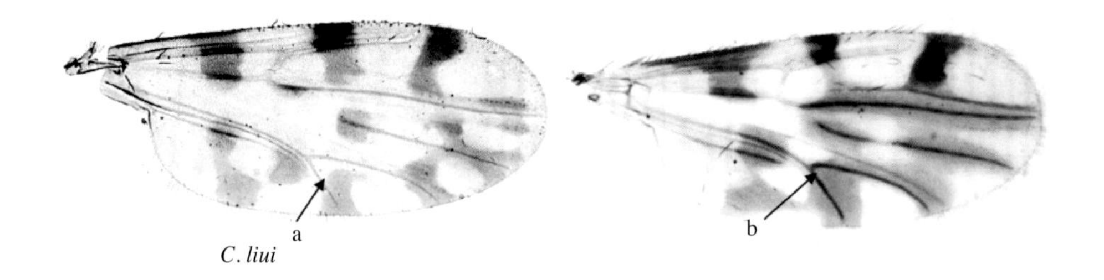

C. liui

21 第1暗斑（a1）长度和中明斑（a2）长度约相等，后足胫节端鬃4根[Anterior width of basal dark marking on costa（a1）similar to anterior width of pale marking over R-M crossvein（a2）；tibial comb with 4 spines] ……………………………………………………………………… *C. nampui*

第1暗斑长度（b1）几乎是中明斑（b2）长度2倍，后足胫节端鬃5根[Anterior width of basal dark marking on costa（b1）more than twice anterior width of pale marking over R-M crossvein（b2）；tibial comb with 5 spines] ……………………………… 细须库蠓 *C. tenuipalpis* 或杂色库蠓 *C. variatus*

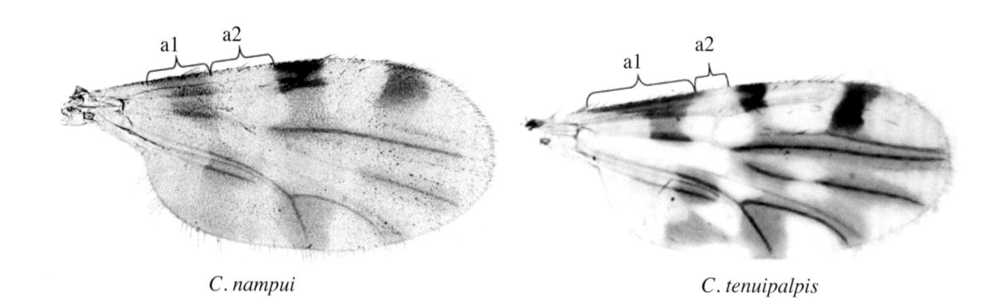

C. nampui *C. tenuipalpis*

二囊亚属（部分）[subgenus *Avaritia* in part]

22 径2室全黑（a1），小眼间有柔毛（a2）（琉球库蠓群组）[Wing with apex of cell R_2 dark（a1）；eyes hairy（a2）（*Actoni* group）] ……………………………………………………………………… 23

径2室顶端浅色（b1），小眼间无柔毛（b2）[Wing with apex of cell R_2 pale（b1）；eyes bare（b2）] … 24

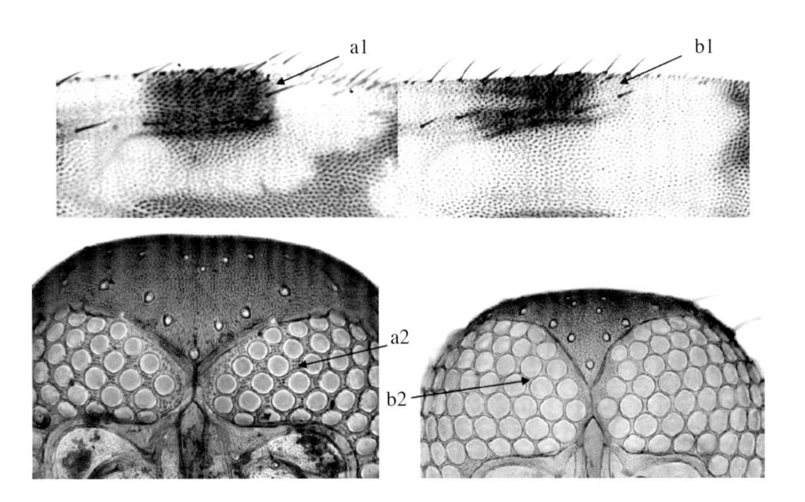

23 触角第10节没有嗅觉器[SCo absent from flagellomere 10] ………… 类琉球库蠓*C.* cf. *actoni* AEB3484

触角第10节有嗅觉器[SCo present on flagellomere 10] ……………………………………………………
…………………………………… 琉球库蠓*C. actoni*或者类琉球库蠓AEB3391 *C.* cf. *actoni* AEB3391

24 Cu_1脉部分包含在白斑中（a）[Part of vein Cu_1 included in pale marking（a）]……………*C. boophagus*

Cu_1脉上无白斑（b）[Vein Cu_1 entirely included in dark marking（b）] ………………………………… 25

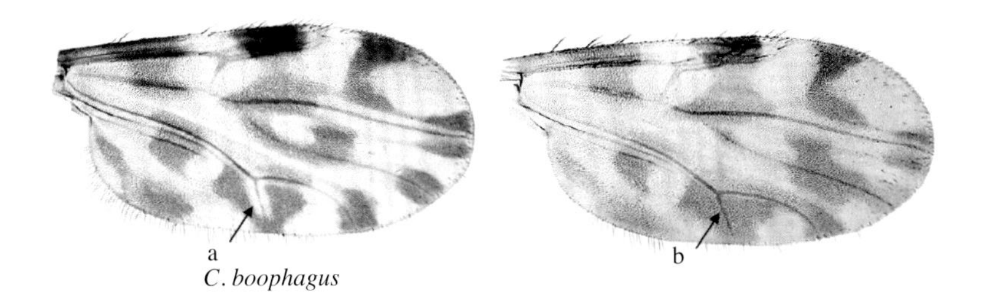

C. boophagus

25 Cu_1脉上暗斑在后缘的宽度（a1）和在前缘的宽度（a2）约相等，暗斑在中4室的边缘和Cu_1脉平行（a3）[Posterior edge of dark marking over vein Cu_1（a1）about as wide as anterior edge（a2）; apical edge of dark marking over vein Cu_1（a3）more or less parallel to vein Cu_1 or indistinct] ……
………………………………………………………………………………………… 短须库蠓*C. brevipalpis*

Cu_1脉上暗斑在后缘的宽度（b1）比在前缘的宽度（b2）窄，暗斑在中4室的边缘和Cu_1脉不平行（b3）[Posterior edge of dark marking over vein Cu_1（b1）distinctly narrower than anterior edge（b2）; apical edge of dark marking over vein Cu_1（b3）distinct and not parallel to vein Cu_1] ……………… 26

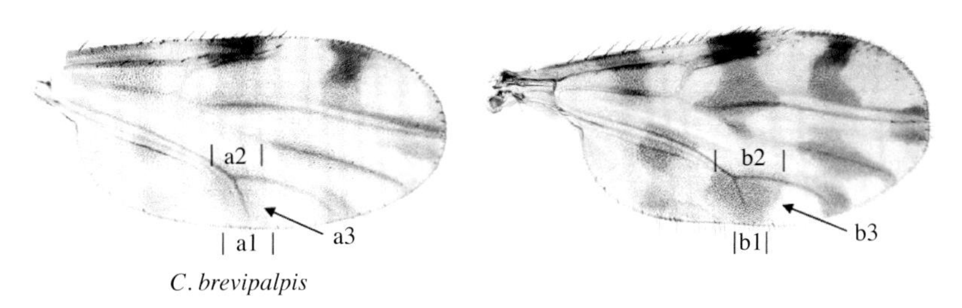

C. brevipalpis

26 臀室后端暗斑为长条形延伸到臀室基部（a）[Posterior dark marking in anal cell elongate and extending to base of the cell（a）] ……………………………………………………………………… 27
臀室后端暗斑为方形未延伸到臀室基部（b）[Posterior dark marking in anal cell quadrate or rounded, never extending to base of the cell（b）]…………………………………………………………… 30

27 中2脉端部的暗斑为方形（a1），和中2脉中部的暗斑未连接（a2）[Dark marking at apex of vein M_2 quadrate（a1）and not joined to dark areas at midpoint of vein M_2（a2）]……………………………
…………………………………………………… 和田库蠓 *C. wadai* 或者类和田库蠓 *C.* cf. *wadai* AEA9938
中2脉端部的暗斑（b2）延伸到中2脉中部（b1）[Dark marking along vein M_2 continuous from about midpoint（b1）to apex（b2）] ……………………………………………………………… 28

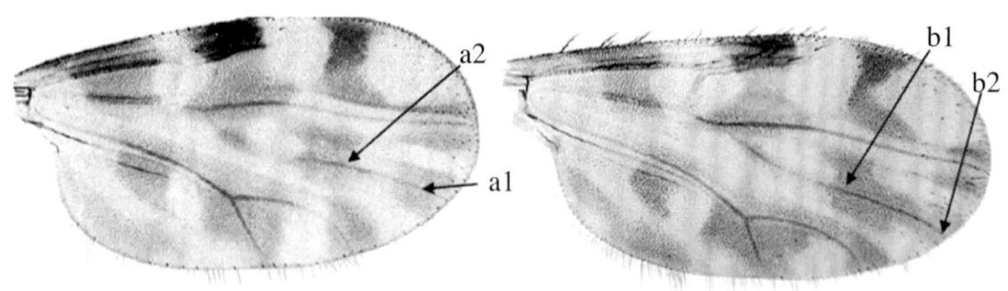

C. cf. *wadai* AEA9938

28 M-C脉基部有不连续的暗斑（a）[Discrete dark marking covering base of vein M-Cu（a）] …………
……………………………………………………………………………………………… 牧场库蠓 *C. pastus*
M-C脉基部无暗斑（b）[Base of vein M-Cu entirely included in pale marking（b）] ……………… 29

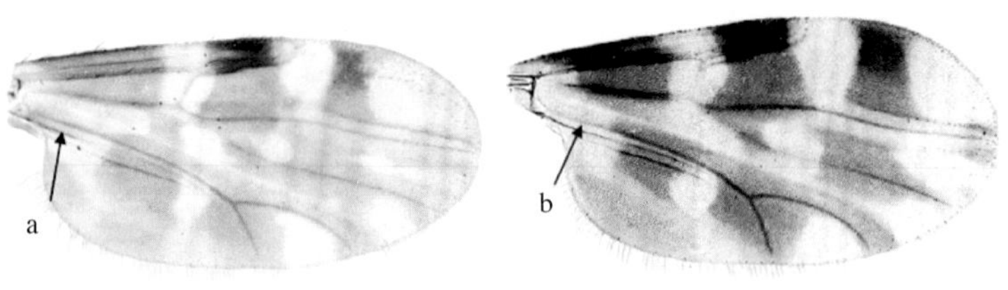

C. pastus

29 第1暗斑（a2）比第2暗斑（a1）长，径3室第3暗斑中部未变窄（a3）[Stigmatic dark marking（a1）distinctly shorter than basal dark mark on costa（a2）, dark mark in cell R_3 not so narrowed medially（a3）] ……………………………………………… 条带库蠓 *C. tainanus* 或者类条带库蠓 *C.* cf. *tainanus*

第1暗斑（b1）约和第2暗斑（b2）等长，径3室第3暗斑中部变窄（b3）[Stigma（b2）of similar length to basal dark mark on costa（b1），dark mark in cell R_3 distinctly narrowed medially（b3）] ………………………………………………………………………………… 东方库蠓 *C. orientalis*

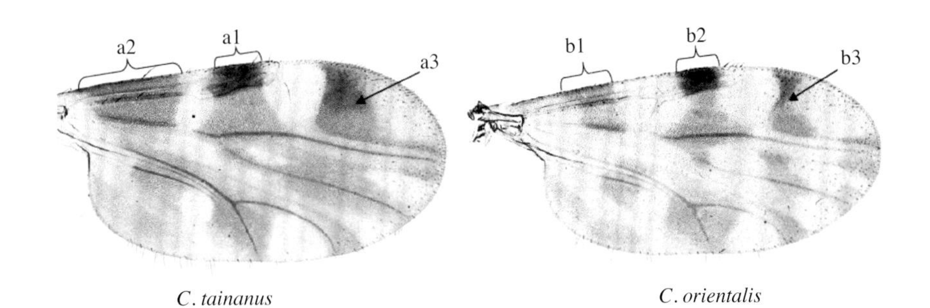

C. tainanus　　*C. orientalis*

30 中1室端部白斑中间部分（a1）比顶端部分（a2）宽而且跨越了中2脉[Apical pale marking in cell M_1 reaching or crossing vein M_2 subapically（a1）then narrowing apically（a2）] ………………… ………………………………………………………………………………… 残肢库蠓 *C. imicola*

中1室端部白斑中间部分（b）未到达或者未跨越中2脉[Apical pale marking in cell M_1 not reaching or crossing vein M_2 subapically（b）] ……………………………………………………………… 31

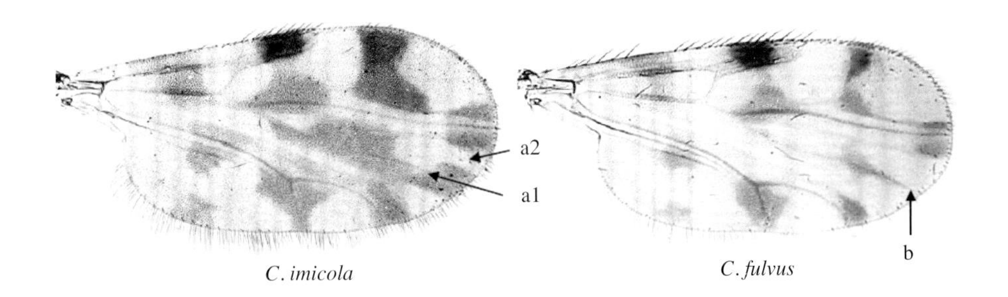

C. imicola　　*C. fulvus*

31 第2暗斑（a1）明显比第1暗斑（a2）短[Stigmatic dark marking（a1）distinctly shorter than basal dark mark on costa（a2）] ……………………………………………………… 亚洲库蠓 *C. asiana*

第2暗斑（b1）约等长于第1暗斑（b2）[Stigma（b1）of similar length to basal dark mark on costa（b2）] ……………………………………………………………… *C. fulvus* or *C.* cf. *fulvus* AEA1017

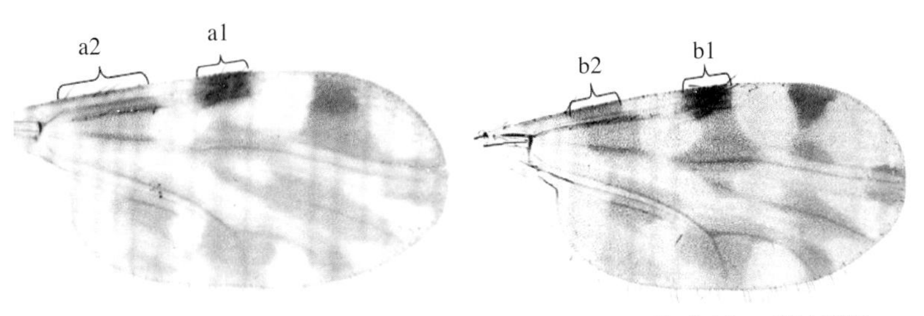

C. asiana　　*C.* cf. *fulvus* AEA1017

32 径2室全黑 [Wing with apex of cell R_2 dark（a）] ································ 环斑库蠓 *C. circumscriptus*
径2室端浅色 [Wing with apex of cell R_2 pale（b）] ·· 33

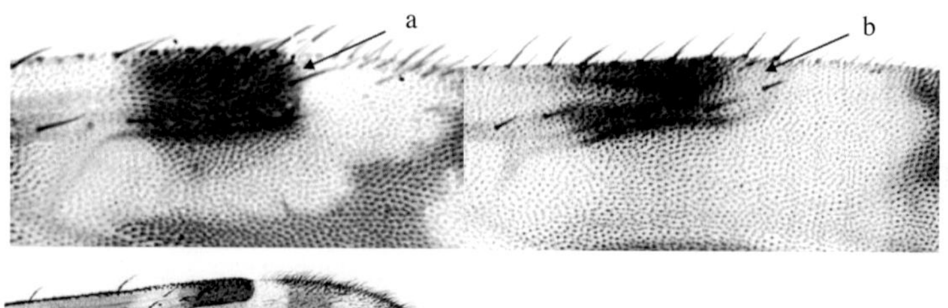

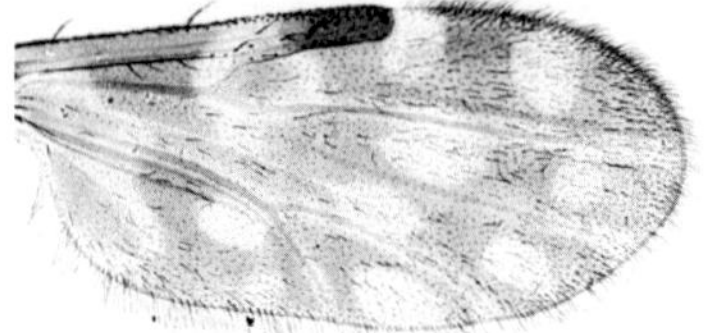

C. circumscriptus

33 径1室和径2室融合（a）[Wing with cells R_1 and R_2 fused into a single cell（a）] ························ 34
径1室和径2室分离（b）Wing with cells R_1 and R_2 separate（b）] ·· 35

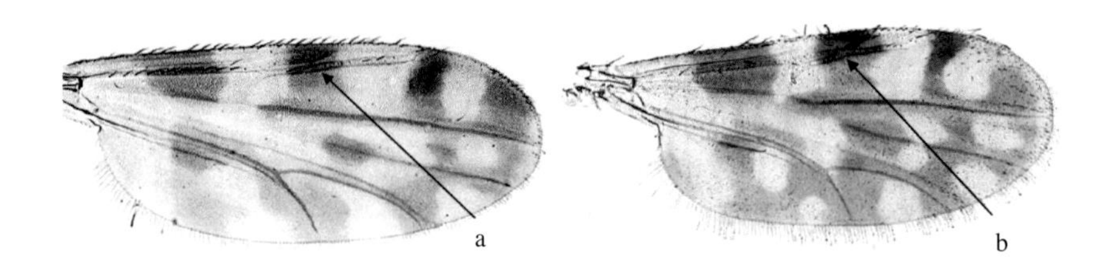

34 中2室端部有白斑，白斑跨越多室形成的白带到达翅上缘（a1），食窦无细小倒刺（a2）[Apical pale spot in cell M_2, or subapical pale spot if transverse band present across apex of wing, reaching anterior margin of wing（a1）; Cibarium unarmed（a2）] ··························· 大室库蠓 *C. gemellus*
中2室端部有白斑，白斑跨越多室形成的白带未到达翅上缘（b1）。食窦上面装有倒刺（b2）[Apical pale spot in cell M_2 or subapical pale spot if transverse band present across apex of wing, not reaching wing margin（b1）; Cibarium armed with >20 spicules（b2）] ································ ··· *C. spiculae* 或者云南库蠓 *C. yunanensis*

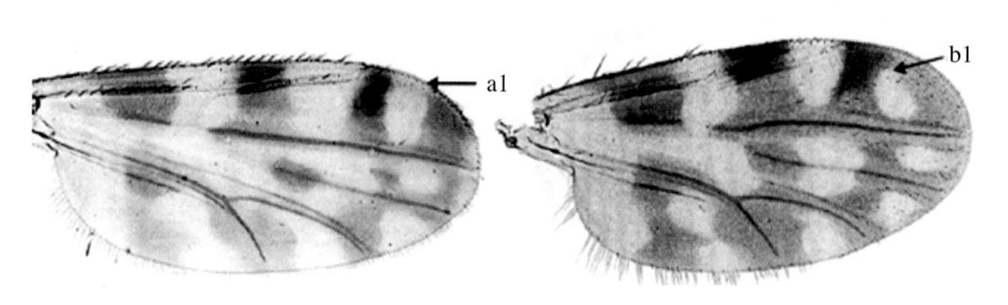

C. gemellus　　*C. spiculae*

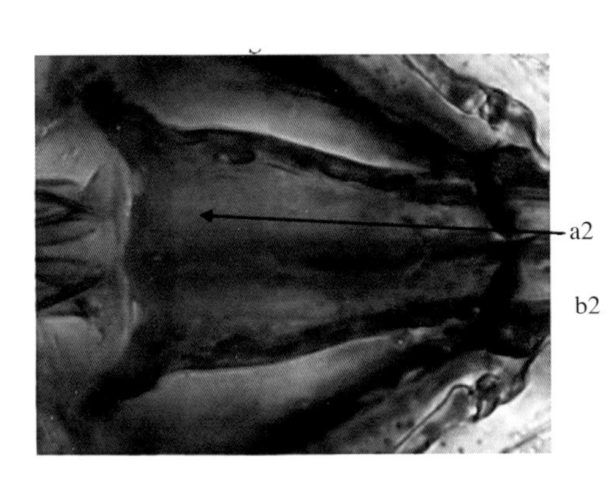

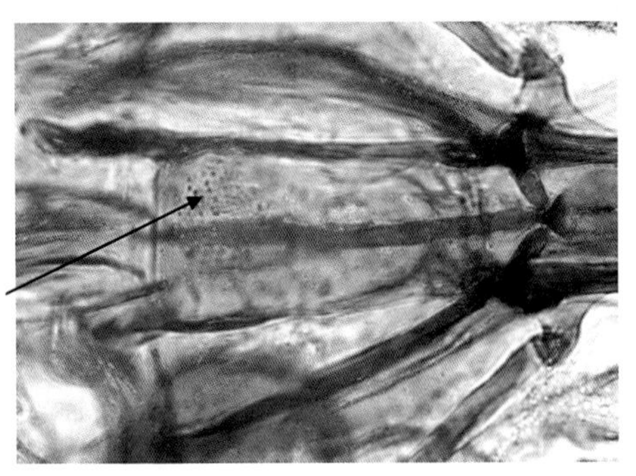

35 没有不连续的淡斑横跨中2脉中部（a）（部分二囊亚属）[Wing without a pair of discrete pale markings straddling mid point of vein M_2（a）（subgenus *Avaritia* in part）] ………………………… 36

有不连续的淡斑横跨中2脉中部（b ）（部分霍蠓亚属）[Wing with a pair of discrete pale markings straddling or merging over mid point of vein M_2（b）（subgenus *Hoffmania* in part）] …………… 38

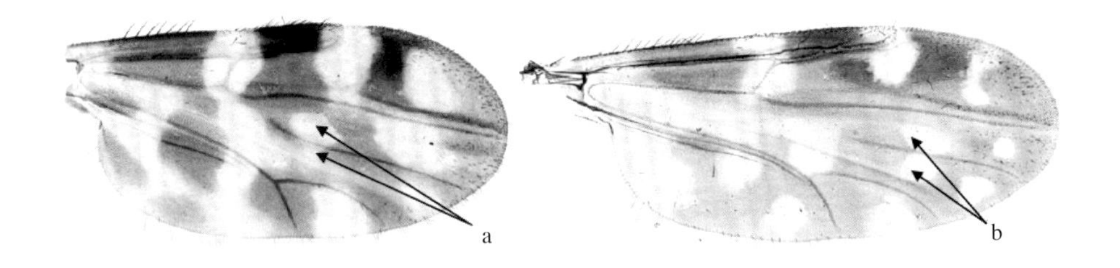

36 中明斑不规则或者月牙形，在径脉处收缩（a）[Pale marking over R-M crossvein crescent-shaped, constricted over vein R（a）] ……………………………………………………… 连斑库蠓 *C. jacobsoni*

中明斑圆形或者长条形，未在径脉处收缩（b）[Pale marking over R-M crossvein round or transverse, not constricted over vein R（b）] ………………………………………………………… 37

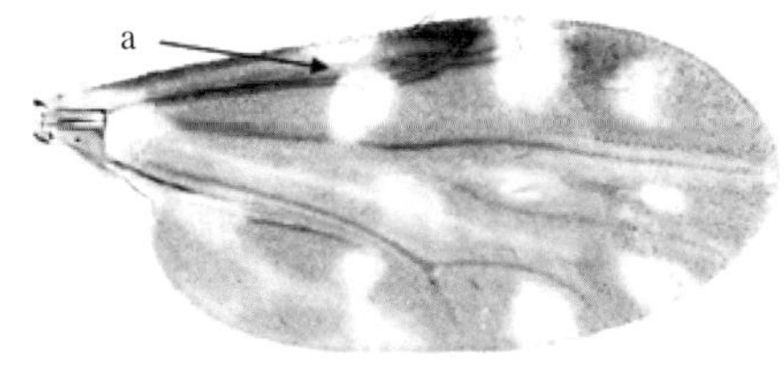

C. jacobsoni

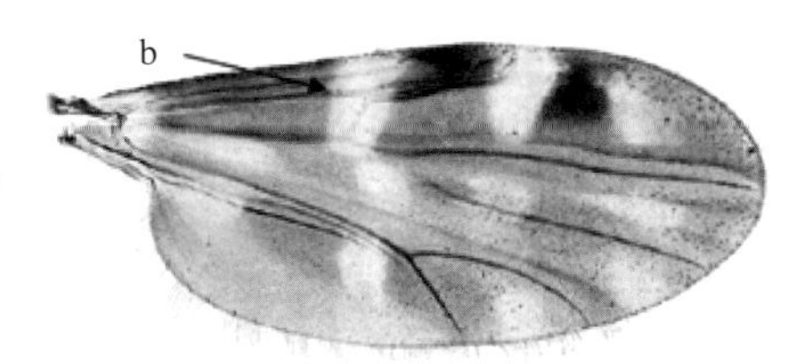

37 臀室上部白斑延伸至翅下边缘（a）[Apical pale marking in anal cell reaching posterior margin of wing（a）] ………………………………………………………………… 牧场库蠓 *C. pastus*

臀室上部白斑在到达翅下边缘之前逐步变暗（b）[Apical pale marking in anal cell fading before reaching posterior margin of wing（b）] ……………………………………… 类牧场库蠓 *C.*cf. *pastus*

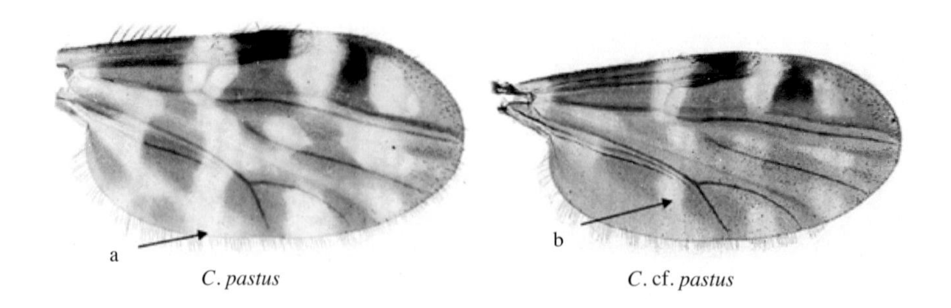

C. pastus　　*C.* cf. *pastus*

霍蠓亚属（部分）(subgenus *Hoffmania* in part)

38 R-M交叉处黑色（a）[Anterior part of R-M crossvein dark（a）] …………… 标翅库蠓 *C.insignipennis*

R-M交叉处淡色（b）[R-M crossvein entirely pale（b）] …………………………………………… 39

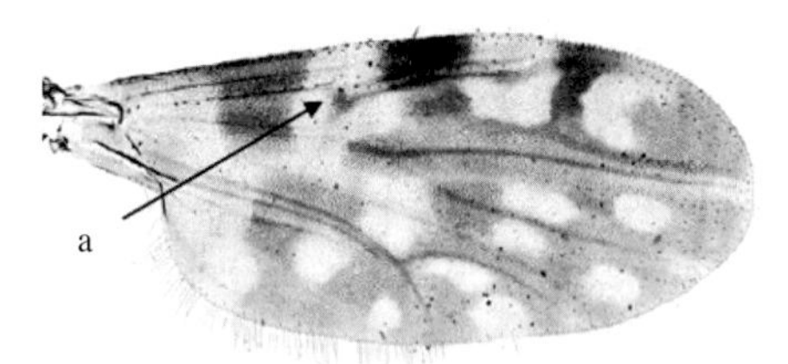

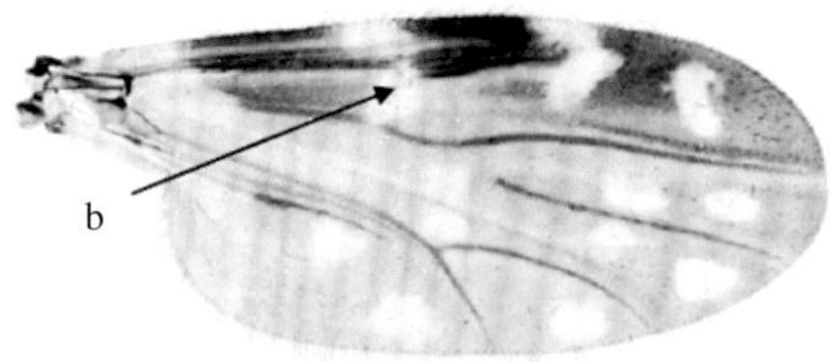

C. insignipennis

39 径端明斑延伸跨越中1脉（a）[Poststigmatic spot extending posteriorly to touch or cross vein M_1（a）]…………………………………………………………………………………………… 40

径端明斑未跨越中1脉（b）[Poststigmatic spot not extending posteriorly to cross vein M_1（b）] … 41

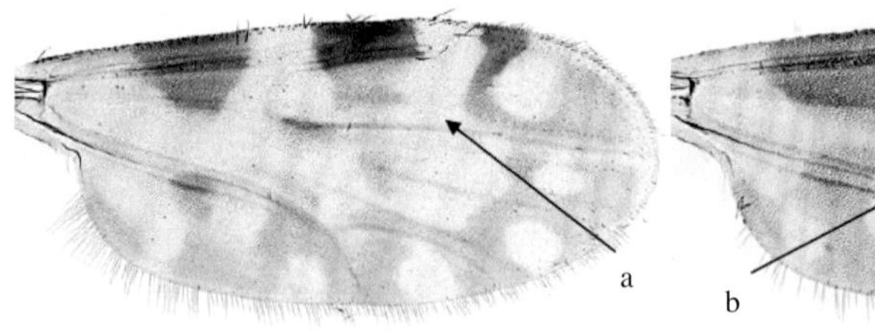

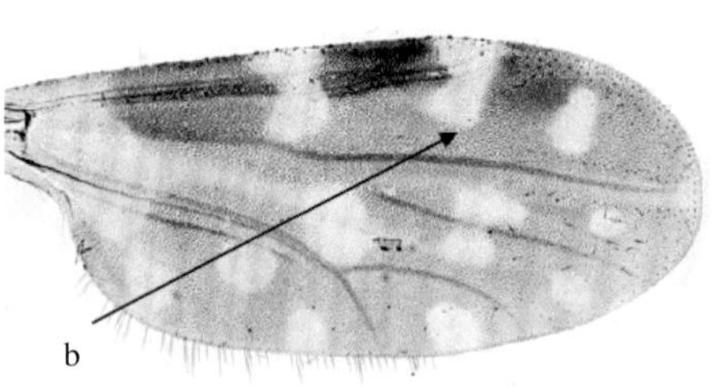

40 臀室拐弯部浅色（a）[Anal angle of wing entirely pale（a）] …………………………… *C. parabubalus*

臀室拐弯部黑色（b）[Anal angle of wing with a distinct dark marking（b）] ……………………………………………………………………………………… 野牛库蠓 *C.bubalus* 或者林岛库蠓 *C. gaponus*

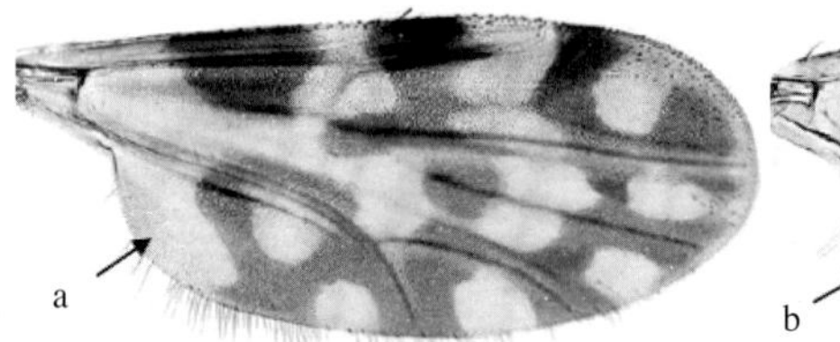

C. parabubalus

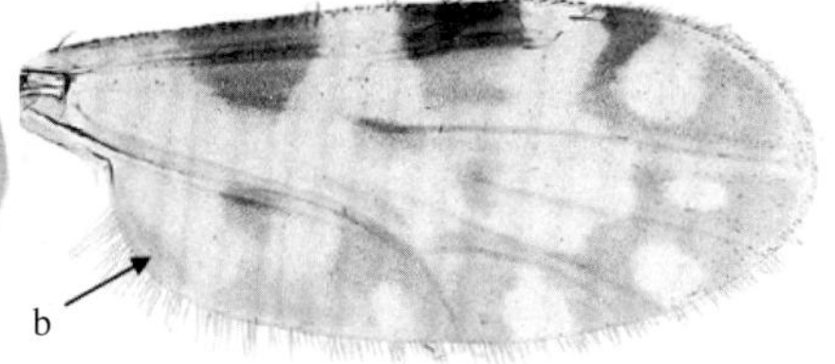

C. bubalus

41 中4室基部有淡斑（a）[Base of cell M_4 included in a pale marking（a）]. ……… 异域库蠓*C.peregrinus*

中4室基部无淡斑（b）[Base of cell M_4 without a pale marking（b）] ………………………………… 42

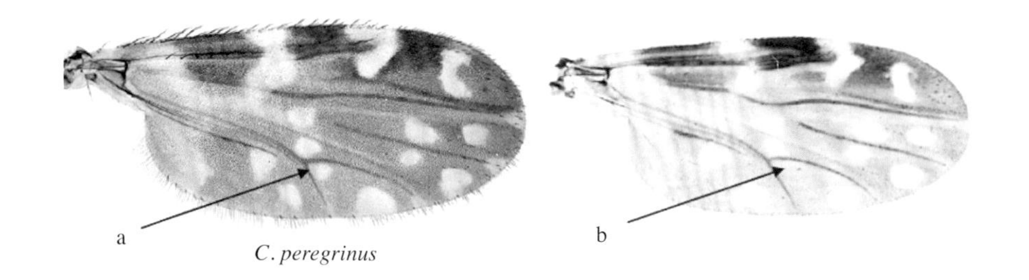

C. peregrinus

42 臀室拐弯部浅色（a）[Anal angle of wing entirely pale（a）] ……………………………………………… 43

臀室拐弯部黑色（b）[Anal angle of wing with a distinct dark marking（b）] ……………………… 45

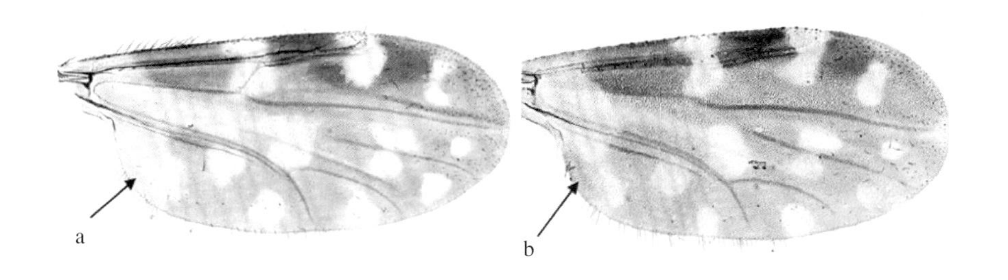

43 中1室明斑拉伸，到翅前缘距离不超过本身直径（a）[Distal pale spot in cell M_1 elongate and closer than its own diameter to margin of wing（a）] ……………… *C. spiculae*或者云南库蠓*C.yunanensis*

中1室明斑收缩，到翅前缘距离超过本身直径（b）[Distal pale spot in cell M_1 compact and more than its own diameter from margin of wing（b）] ……………………………………………………… 44

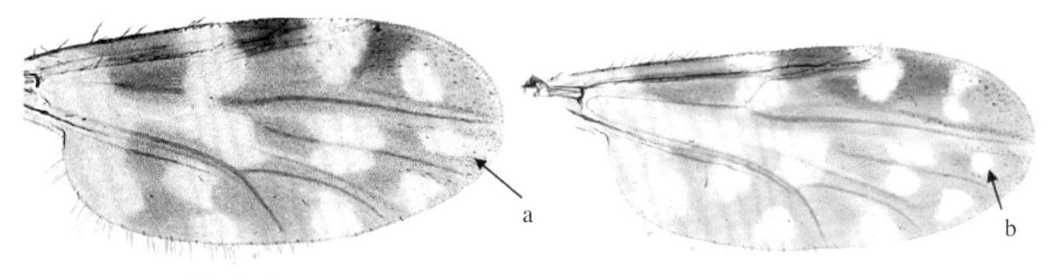

C. spiculae

44 径端明斑圆形（a），触角第3，5，7节没有嗅觉器[Distal margin of poststigmatic pale spot rounded（a）；SCo absent from flagellomeres 3，5 and 7]……………………………… 龙溪库蠓*C.lungchiensis*

径端明斑有尖角（b），触角第3，5，7节有嗅觉器[Distal margin of poststigmatic pale spot angular（b）；SCo present on flagellomeres 3，5 and 7] ……………………………… 日本库蠓*C.nipponensis*

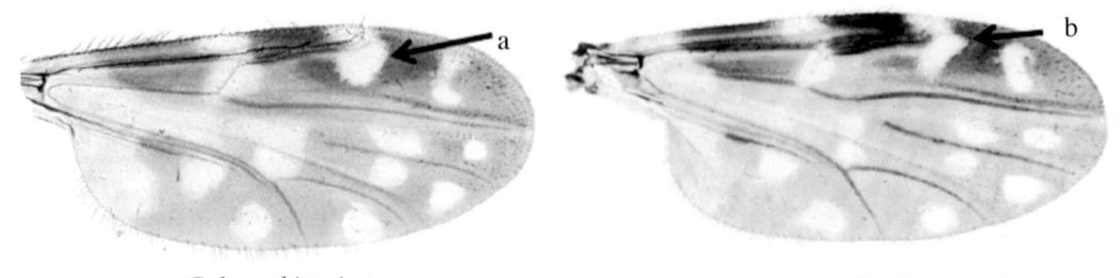

C. lungchiensis *C. nipponensis*

45 径端明斑被暗色方形径脉4+5穿过至少1/2的距离（a1），两复眼分离（a2）[Proximal edge of poststigmatic spot penetrated by narrow rectangular dark stripe along vein R_{4+5} extending at least ½ way into poststigmatic pale spot（a1）；eyes separate（a2）] ························· 曲斑库蠓 *C.recurvus*

径端明斑未被暗色方形径脉4+5穿越（b1），两复眼相连（b2）[Proximal edge of poststigmatic spot truncate or angular without narrow rectangular dark stripe along vein R_{4+5}（b1）；eyes contiguous（b2）] ··· 46

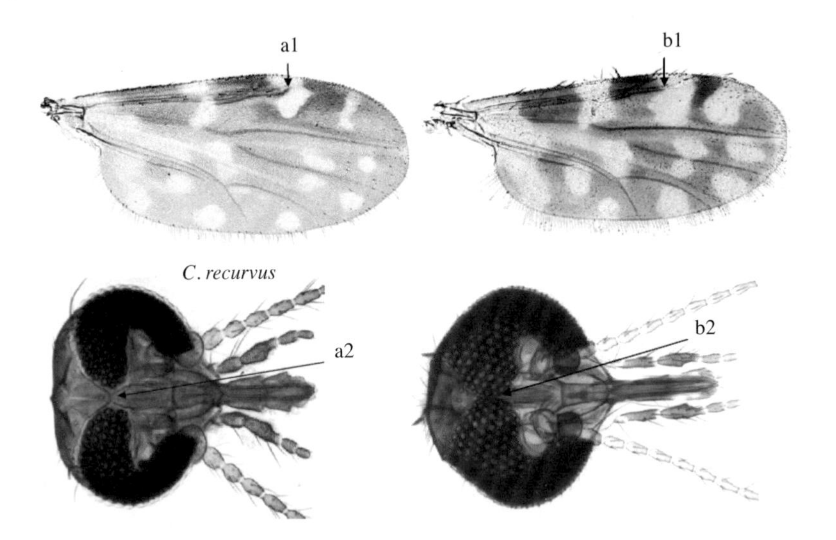

C. recurvus

46 中明斑未穿越中1脉（a），后足胫节端鬃5根 [Pale marking over R-M crossvein either not crossing medial vein or crossing medial vein by less than the width of the vein（a）；tibial comb with 5 spines] ·· 苏岛库蠓 *C.sumatrae*

中明斑穿越中1脉（b），后足胫节端鬃6根 [Pale marking over R-M crossvein crossing medial vein by more than the width of the vein，in most specimens joining pale marking in cell M_2（b）；tibial comb with 6 spines] ·· 47

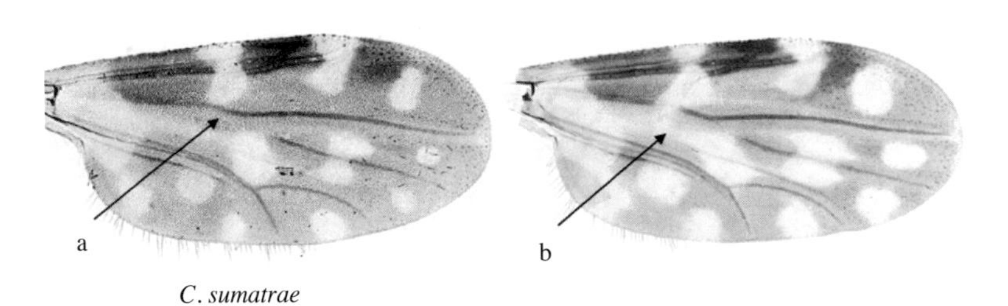

C. sumatrae

47 触须第3节有感觉器窝（a）[3rd palpal segment with a round pit（a）] ……………………………………………………………………………………………… 印度库蠓 *C.indianus* 或者黑脉库蠓 *C. aterinervis*

触须第3节无感觉器窝（b）[3rd palpal segment without a pit（b）] …………… 无害库蠓 *C. innoxius*

三囊亚属（部分）（subgenus *Trithecoides* in part）

48 背板全黄，无深褐色斑点（a）[Scutum entirely yellow，never with dark brown markings anteriorly（a）]……………………………………………………………………………………………… 49

背板黄色但有深褐色斑点（b）[Scutum yellow with dark brown markings anteriorly（b）]………… 59

49 后足股节黑色延伸至端部（a）[Hind femora dark to apex（a）] ……………………………………… 50

后足股节有未到端部的浅色宽带（b）[Hind femora with broad subapical pale band（b）] ………… 53

50 中1脉基部有1浅斑（a）[Base of cell M_1 included in a pale spot（a）] ……… 黄盾库蠓*C. flaviscutatus*

中1脉基部无浅斑（b）[Base of cell M_1 not included in a pale spot（b）] ……………………………… 51

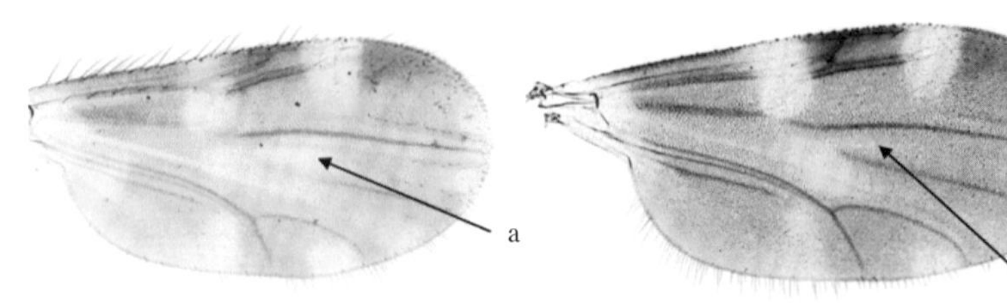

C. flaviscutatus *C. laoensis*

51 触角第9，10节有嗅觉器[SCo absent from flagellomeres 9 and 10] ……………… 福托库蠓*C. fordae*

触角第9，10节无嗅觉器[SCo present on flagellomeres 9 and 10] ……………………………………… 52

52 有7枚大颚齿（a）[Mandible with 7 teeth（a）] ………………………………………… 抚须库蠓*C. palpifer*

大额齿的数量多于10枚（b）[Mandible with 10 or more teeth（b）] …………… 老挝库蠓*C. laoensis*

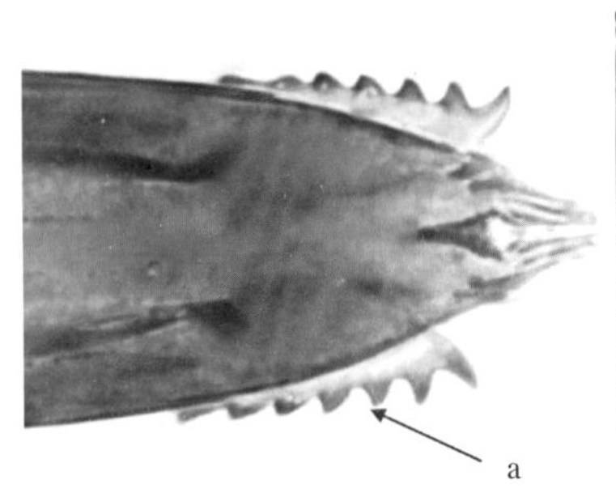

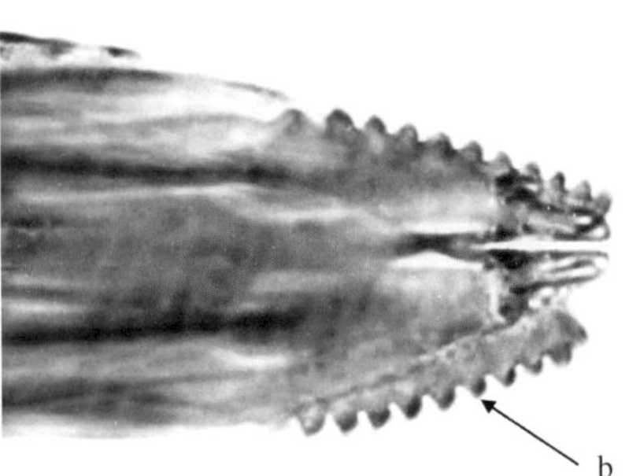

53 小盾板黄色（a1），和背板颜色相比无显著区别（a2）[Scutellum（a1）yellow，not noticeably darker than scutum（a2）] ……………………………………………………………………………………… 54

小盾板褐色（b1），和背板颜色相比差异显著（b2）[Scutellum（b1）brown，distinctly darker than scutum（b2）] ………………………………………………………………………………………………… 58

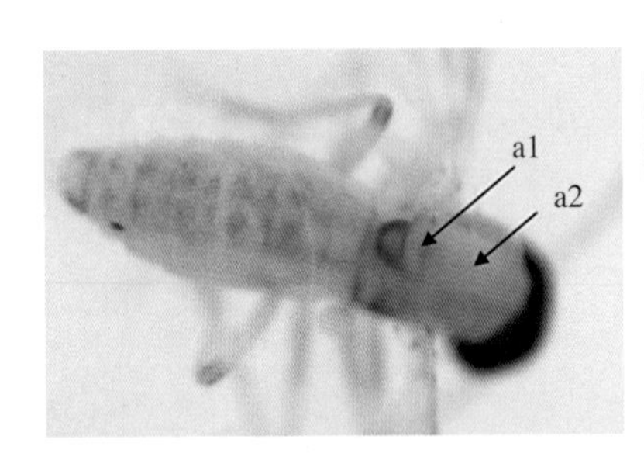

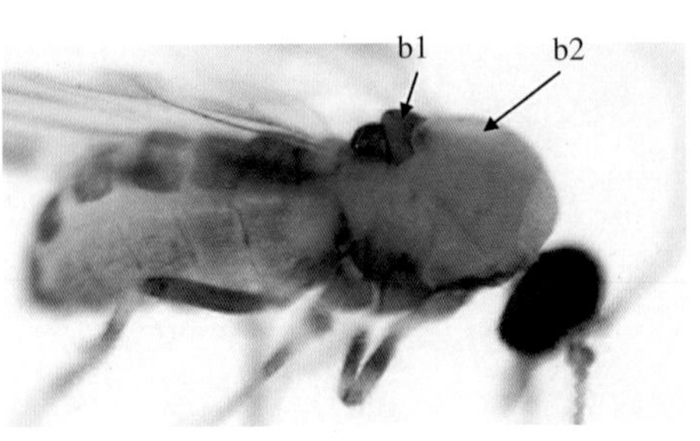

54 后足股节有较宽浅色带，后足膝部（股节和胫节连接处）浅色（a）[Hind femora with broad apical pale band；hind knee pale（a）] ……………………………………………………………………… 55

后足股节浅色带不到顶端，后足膝部（股节和胫节连接处）深色（b）Hind femora with subapical pale band；hind knee dark（b）………………………………………………………………………… 56

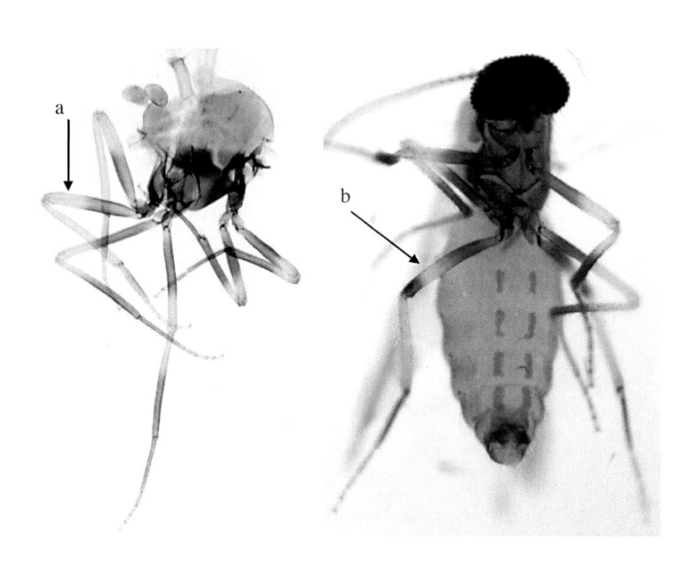

55 后小盾板黄色（a1），和小盾板颜色一致（a2）[Postscutellum（a1）yellow, not noticeably darker than scutellum（a2）] ………………………………………………………………… 卢特库蠓 *C. luteolus*

后小盾板褐色（b2），比小盾板颜色深（b1）[Postscutellum（b2）brown, noticeably darker than scutellum（b1）] …………………………………………………………………………… *C. tonmai*（pt）

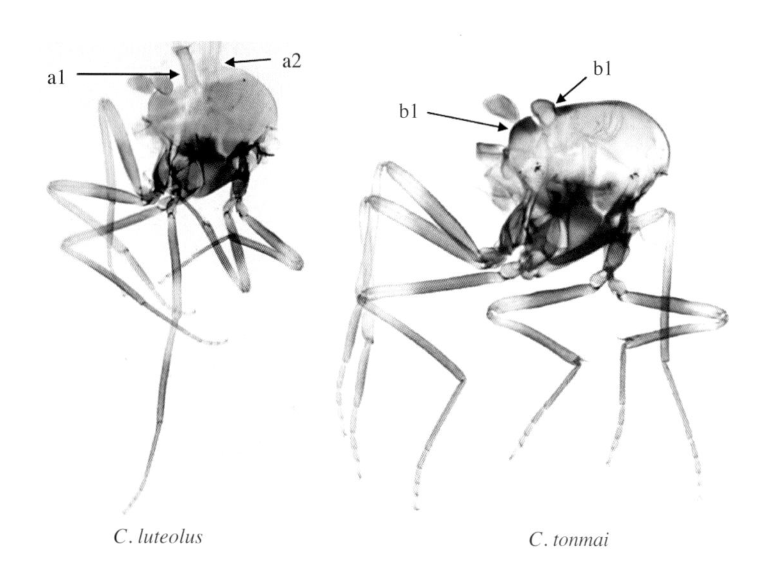

C. luteolus　　*C. tonmai*

56 翅基明斑较宽到达中脉（a1），前缘宽度比第1暗斑前缘宽度宽（a2），有8枚大额齿（a3）[Wing with basal pale area broadly reaching costa（a1）, anterior width much wider than anterior width of basal dark marking（a2）; mandible with 8 teeth（a3）]……………………… 类斑腿库蠓 *C.* cf. *baisasi*

翅基明斑窄未到达中脉（b1），前缘宽度比第1暗斑前缘宽度窄（b2），有7枚或20枚以上大额齿（b3）[Wing with basal pale area narrowly or not reaching costa（b1）, anterior width much less than anterior width of basal dark marking on costa（b2）; mandible with 7 or more than 20 teeth（b3）] …… 57

C. cf. *baisasi* *C. tonmai*

57 后足股节有不到端部的浅色带和显著的暗色端（a），有13 ~ 24枚大额齿[Hind femora with subapical pale band and distinct dark apex（a），Mandible with 13 ~ 24 teeth]…… 黄盾库蠓*C. flavescens*

后足股节有到端部的浅色带，和浅色端（b），7枚大额齿[Hind femora with apical pale band and pale apex（b），Mandible with 7 teeth] …………………………………………………… *C. tonmai*（pt）

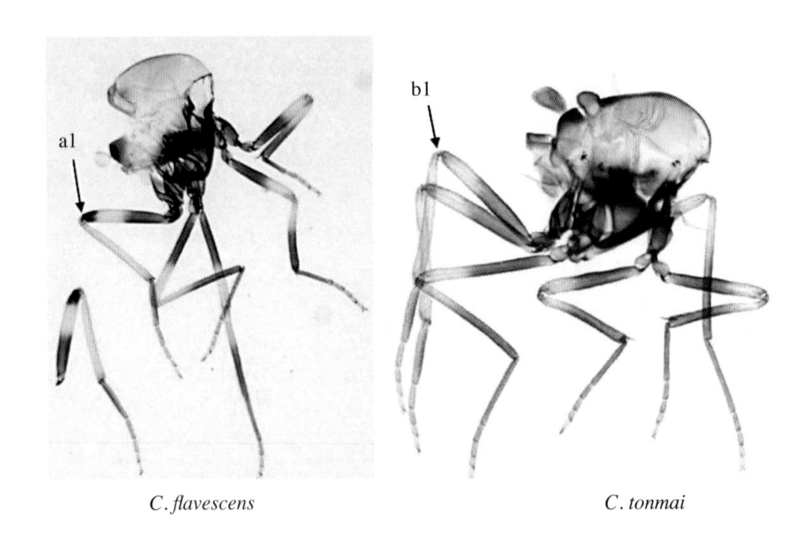

C. flavescens *C. tonmai*

58 触角第9，10节有嗅觉器[SCo absent from flagellomeres 9 and 10] ………… 帕巴库蠓*C. parabarnetti*

触角第9，10节无嗅觉器[SCo present on flagellomeres 9 and 10] …………… 皱囊库蠓*C. rugulithecus*

59 后足股节全黑色直到端部（a）[Hind femora dark to apex（a）] ………………………………………… 60

后足股节有宽浅色带但不到端部（b）[Hind femora with broad subapical pale band（b）]………… 61

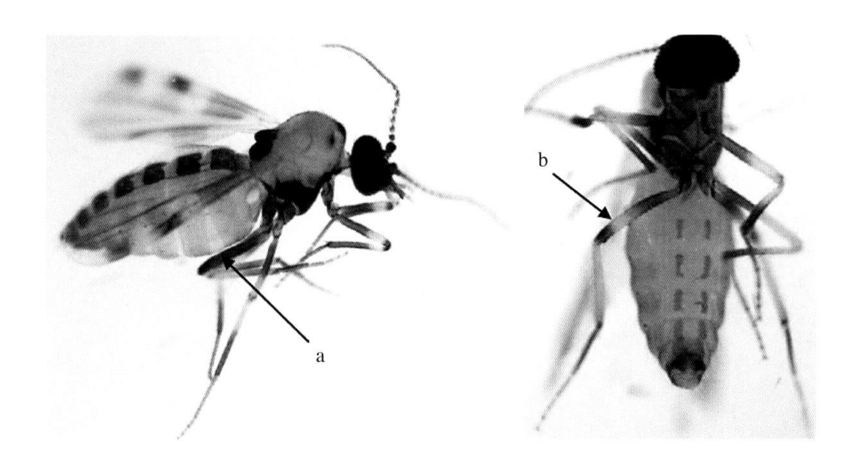

60 中明斑（a1）和径端明斑（a2）比第2，3暗斑（a3，a4）窄[Anterior margin of pale markings over R-M crossvein（a1）and poststigmatic（a2）narrower than anterior margins of dark markings in cell R_3（a4）and over cells R_1 and R_2（a3）] ······································· 褐肩库蠓*C. parahumeralis*

中明斑（b1）和径端明斑（b2）不比第2，3暗斑（b3，b4）窄[Anterior margin of pale markings over R-M crossvein（b1）and poststigmatic（b2）not narrower than anterior margin of dark markings in cell R_3（b4）and over cells R_1 and R_2（b3）] ······································ 肩宏库蠓*C. humeralis*

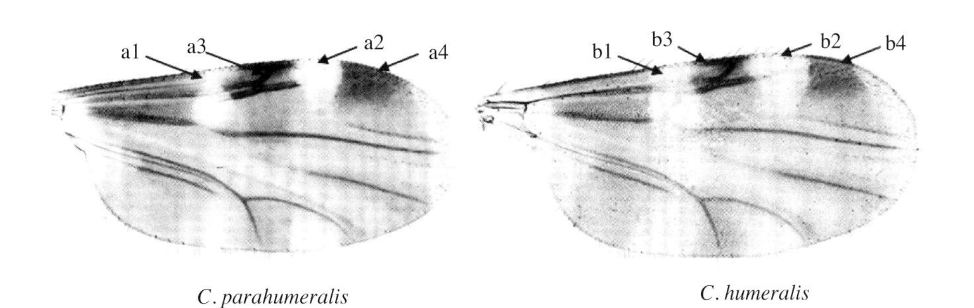

C. parahumeralis *C. humeralis*

61 小盾板黄色（a1），不比背板颜色深（a2），前足股节有未到端部的浅色带（a3）[Scutellum（a1）yellow，not noticeably darker than scutum（a2）；fore femora with subapical pale band（a3）] ·· *C. paksongi*

小盾板深色（b1），比背板颜色深（b2），前足股节有到端部的浅色带（b3）[Scutellum（b1）brown，distinctly darker than scutum（b2）；fore femora with apical pale band（b3）] ··············· 62

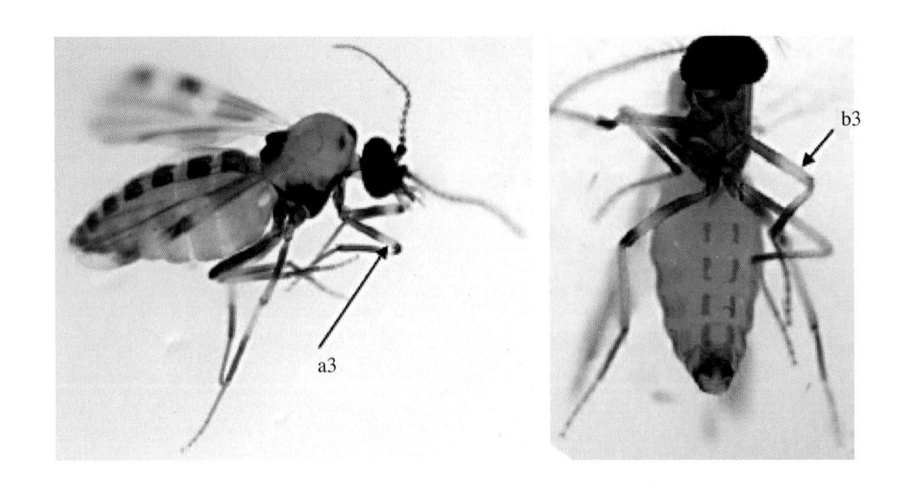

62 有12 ~ 19枚大额齿（a）[Mandible with 12 ~ 19 teeth, proximal teeth largest (a)] ………………… ………………………………………………………………………… 嗜蚊库蠓 *C. anophelis*

有19 ~ 23枚大额齿（b）[Mandible with 19 ~ 23 teeth, proximal teeth largest (b)] ………………… ………………………………………………………………………… 趋黄库蠓 *C. paraflavescens*

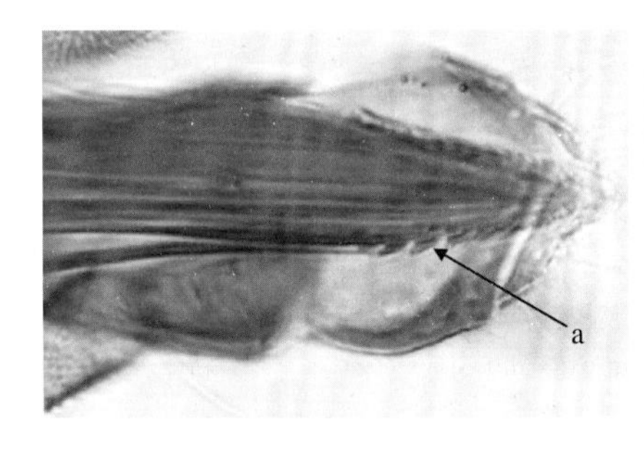

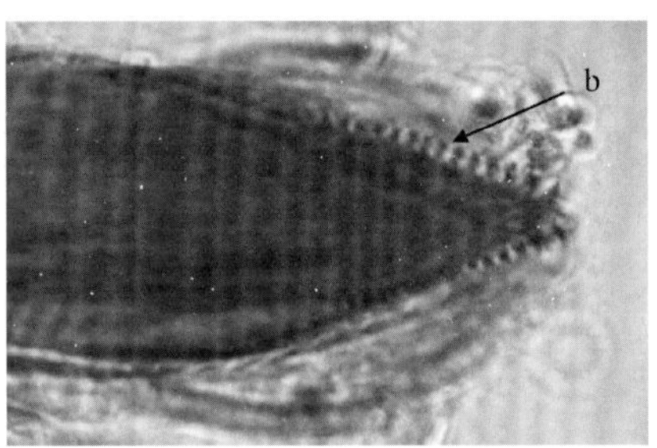

63 径2室全黑（a）[Wing with cell R_2 entirely dark (a)]…………………………………………………… 64

径2室不全黑（b）[Wing with part of lumen of cell R_2 pale (b)] ………………………………………… 54

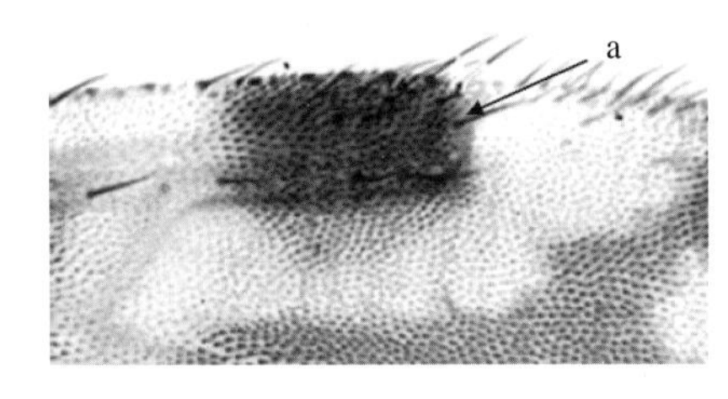

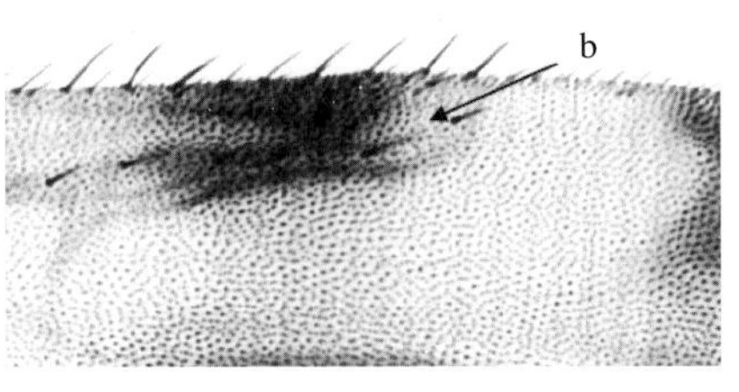

64 在中1和中2室有明显的端浅斑（a）[Wing with distinct apical pale markings in cells M_1 and M_2 (a)]………………………………………………………………………………………… 65

在中1和中2室无明显的端浅斑（b）[Wing without distinct apical pale markings in cells M_1 and M_2 (b)]………………………………………………………………………………………… 66

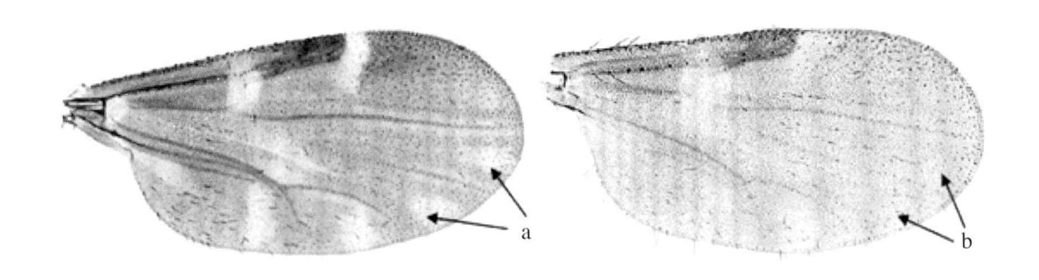

65 中1脉基部和端部都有浅斑（a）[Wing with basal and apical pale marking in cell M_1（a）] ………………………………………………………………………… 类缘斑库蠓*C.* cf. *marginus* AEZ7085

中1脉只有端部有浅斑（b）[Wing with only apical pale marking in cell M_1（b）] ……………………………………………………………………………………*C.* cf. *nasuensis* AEB3865

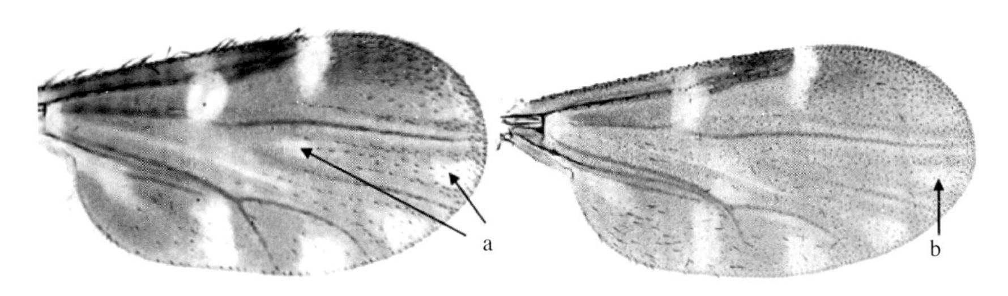

C. cf. *marginus*　　*C.* cf. *nasuensis*

66 触角第4，6节没有嗅觉器[SCo absent from flagellomeres 4 and 6] ……………………………………………………………………… 类吕氏库蠓*C.* cf. *lulianchengi* AEB0900

触角第4，6节有嗅觉器[SCo present on flagellomeres 4 and 6] ……………… 新平库蠓*C. xinpingensis*

67 径2室（a1）长度至少是径1室（a2）长度的2倍[Cell R_2（a1）at least twice as long as cell R_1（a2）] ……………………………………………………………………………… 68

径2室（b1）长度不及径1室（b2）长度1.5倍[Cell R_2（b1）no more than 1.5 times as long as cell R_1（b2）]……………………………………………………………………… 不显库蠓*C. obsoletus*

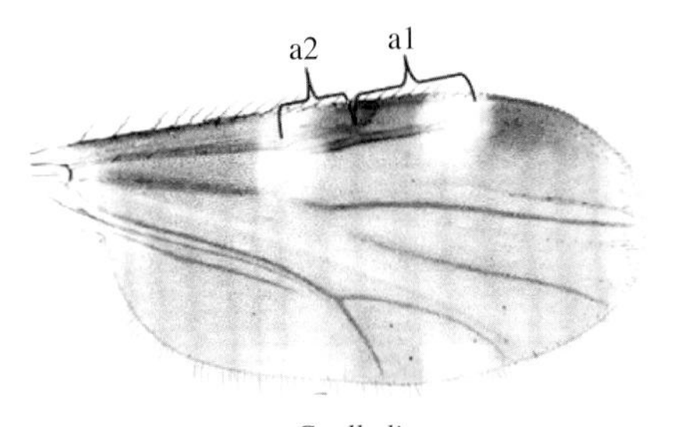

C. elbeli

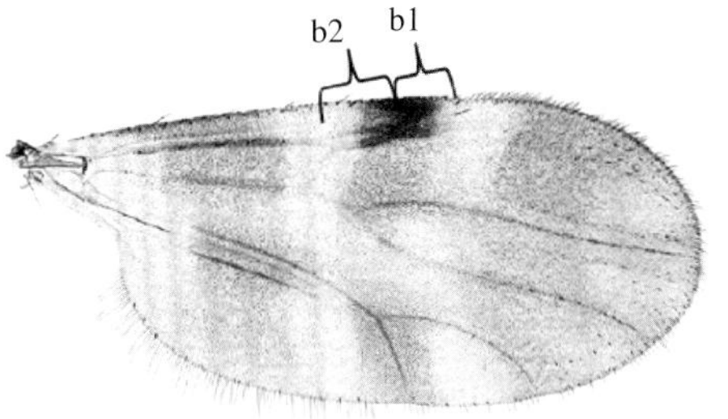

C. obsoletus

68 食窦装备小刺（a）[Cibarium armed（a）] ……………………………………… 勐腊库蠓*C. menglaensis*

食窦无小刺（b）[Cibarium unarmed（b）]……………………………………………… 黑背库蠓*C. elbeli*

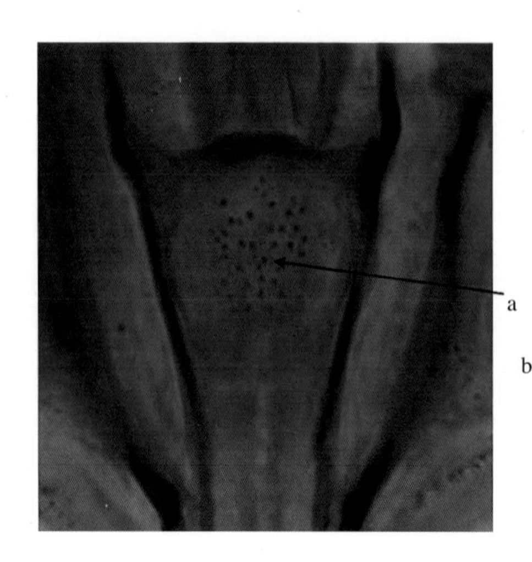

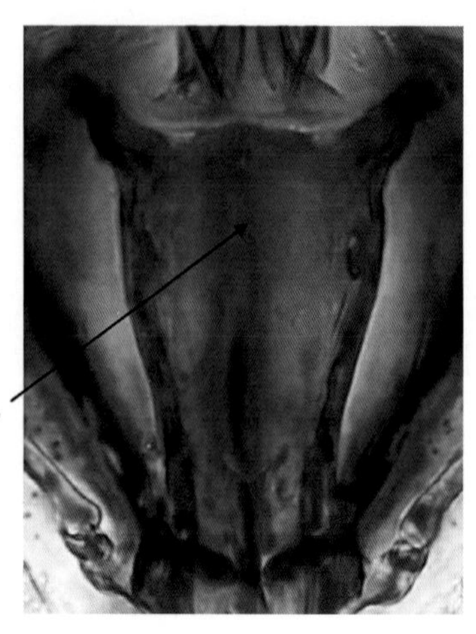

检索表中所列库蠓和详细图片查询（按检索表引出顺序排列）

库蠓名称	近几年标本采集情况	报告情况	详细图片
原野库蠓 *C. homotomus*	有采集	有报告	见第3章3.5.1
刺螯库蠓 *C. punctatus*	有采集	有报告	见第3章3.4.2
类刺螯库蠓 *C.* cf. *punctatus*	有采集	首次发现	见第3章3.4.3
类聂拉木库蠓 *C.* cf. *nielamensis*	有采集	首次发现	见第3章3.4.4
屏东库蠓 *C. hui*	有采集	有报告	见第3章3.1.7
尖喙库蠓 *C. oxystoma*	有采集	有报告	见第3章3.7.1
肖特库蠓 *C. shortti*	有采集	有报告	见第3章3.6.1
类南竿库蠓 *C.* cf. *nankanensis*	有采集	首次发现	无（待详细鉴定）
缘斑库蠓 *C. marginus*	有采集	有报告	见第3章3.9.1
霍飞库蠓 *C. huffi*	有采集	有报告	见第3章3.8.1
棒须库蠓 *C. clavipalpis*	有采集	有报告	见第3章3.8.2
北京库蠓 *C. morisitai*	有采集	有报告	见第3章3.8.3
赫氏库蠓 *C. hegneri*	近几年未采集到标本	有报告	无（无标本）
滴斑库蠓 *C. guttifer*	有采集	有报告	见第3章3.3.3
荒川库蠓 *C. arakawai*	有采集	有报告	见第3章3.3.1
新竹库蠓 *C. liui*	有采集	有报告	见第3章3.2.4

（续）

库蠓名称	近几年标本采集情况	报告情况	详细图片
C. nampui	无，但种群可能存在	无	无
细须库蠓 *C. tenuipalpis*	有采集	有报告	见第3章3.10.14
类琉球库蠓 *C.* cf. *actoni*	有采集	首次发现	见第3章3.1.2
琉球库蠓 *C. actoni*	有采集	有报告	见第3章3.1.1
C. boophagus	有采集	国内首次发现	见第3章3.1.5
短跗库蠓 *C. brevipalpis*	近几年未采集到标本	有报告	无
和田库蠓 *C. wadai*	有采集	有报告	见第3章3.1.14
牧场库蠓 *C. pastus*	有采集	有报告	见第3章3.1.12
条带库蠓 *C. tainanus*	有采集	有报告	见第3章3.1.13
东方库蠓 *C. orientalis*	有采集	有报告	见第3章3.1.11
残肢库蠓 *C. imicola*	有采集	有报告	见第3章3.1.8
亚洲库蠓 *C. asiana*	有采集	国内首次发现	见第3章3.1.4
C. fulvus	有采集	国内首次发现	见第3章3.1.6
环斑库蠓 *C. circumscriptus*	近几年未采集到标本	有报告	无（无标本）
C. gemellus	无，但种群可能存在	无	无
C. spiculae	有采集	首次报告	见第3章3.2.6
连斑库蠓 *C. jacobsoni*	有采集	有报告	见第3章3.1.9
类牧场库蠓 *C.* cf. *pastus*	有采集	国内首次发现	无（待详细鉴定）
标翅库蠓 *C. insignipennis*	有采集	有报告	见第3章3.2.3
C. parabubalus	无，但种群可能存在	无	无
野牛库蠓 *C. bubalus*	有采集	有报告	见第3章3.2.1
异域库蠓 *C. peregrinus*	有采集	有报告	见第3章3.2.5
龙溪库蠓 *C. lungchiensis*	近几年未采集到标本	有报告	无（无标本）
日本库蠓 *C. nipponensis*	近几年未采集到标本	有报告	无（无标本）
曲斑库蠓 *C. recurvus*	近几年未采集到标本	有报告	无（无标本）

（续）

库蠓名称	近几年标本采集情况	报告情况	详细图片
苏岛库蠓 *C. sumatrae*	有采集	有报告	见第3章3.2.7
印度库蠓 *C. indianus*	近几年未采集到标本	有报告	无（无标本）
无害库蠓 *C. innoxius*	有采集	有报告	见第3章3.2.2
黄盾库蠓 *C. flaviscutatus*	有采集	有报告	见第3章3.10.4
福托库蠓 *C. fordae*	有采集	有报告	见第3章3.10.3
抚须库蠓 *C. palpifer*	有采集	有报告	见第3章3.10.9
老挝库蠓 *C. laoensis*	有采集	国内首次发现	见第3章3.10.5
C. luteolus	无，但种群可能存在	无	无
C. tonmai	有采集	国内首次发现	见第3章3.10.15
类斑腿库蠓 *C.* cf. *baisasi*	有采集	国内首次发现	无（待详细鉴定）
黄盾库蠓 *C. flavescens*	近几年未采集到标本	有报告	无（无标本）
帕巴库蠓 *C. parabarnetti*	近几年未采集到标本	有报告	无（无标本）
皱囊库蠓 *C. rugulithecus*	有采集	有报告	见第3章3.10.13
褐肩库蠓 *C. parahumeralis*	有采集	有报告	见第3章3.10.12
肩宏库蠓 *C. humeralis*	近几年未采集到标本	有报告	无（无标本）
C. paksongi	有采集	国内首次发现	见第3章3.10.8
嗜蚊库蠓 *C. anophelis*	有采集	有报告	见第3章3.10.1
趋黄库蠓 *C. paraflavescens*	有采集	有报告	见第3章3.10.11
类近缘库蠓 *C.* cf. *marginus*	有采集	国内首次发现	见第3章3.9.1
C. cf. *nasuensis*	有采集	国内首次发现	无（待详细鉴定）
类吕氏库蠓 *C.* cf. *lulianchengi*	有采集	国内首次发现	无（待详细鉴定）
新平库蠓 *C. xinpingensis*	有采集	有报告	见第3章3.9.2
勐腊库蠓 *C. menglaensis*	有采集	有报告	见第3章3.10.6
黑背库蠓 *C. elbeli*	有采集	有报告	见第3章3.10.3

第3章　云南库蠓（蠛虫）图片和种群简介

李乐，廖德芳

3.1 二囊亚属 *Avaritia*

主要按Wirth和Hubert（1989）的分类方法进行二囊亚属分类。在虞以新主编的《中国蠓科昆虫》中，*Avaritia*被翻译为二囊亚属，特征为两个发育完全的受精囊。但按Wirth和Hubert的分类方法，二囊亚属中两个受精囊不是主要特征。在Wirth和Hubert的分类方法中，二囊亚属的主要特征是库蠓翅上从臀室中Cu_1脉基部一直延伸到Cu_1脉顶部的浅色斑。在云南发现的二囊亚属库蠓包括13种已知库蠓和1种疑似新种（图3-1）。

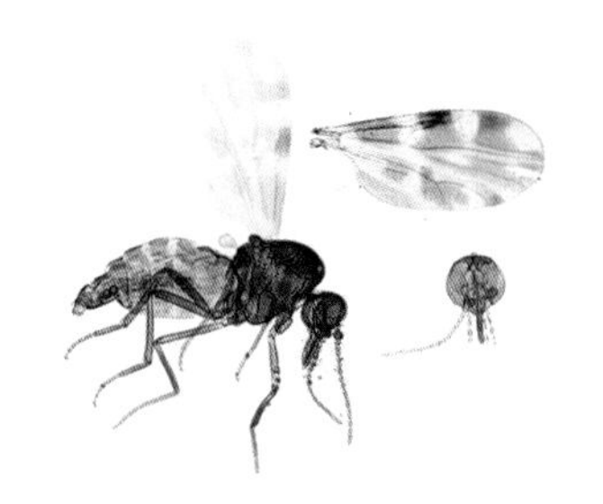

条带库蠓 *C. tainanus*

东方库蠓 *C. orientalis*

残肢库蠓 *C. imicola*

连斑库蠓 *C. jacobsoni*

琉球库蠓 *C. actoni*

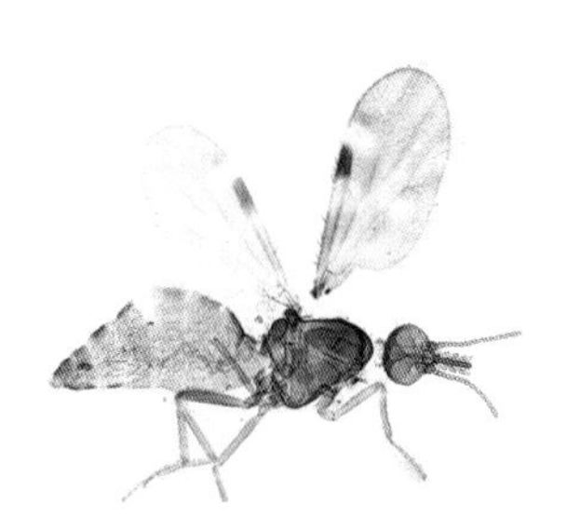

类琉球库蠓 *C.* cf. *actoni*

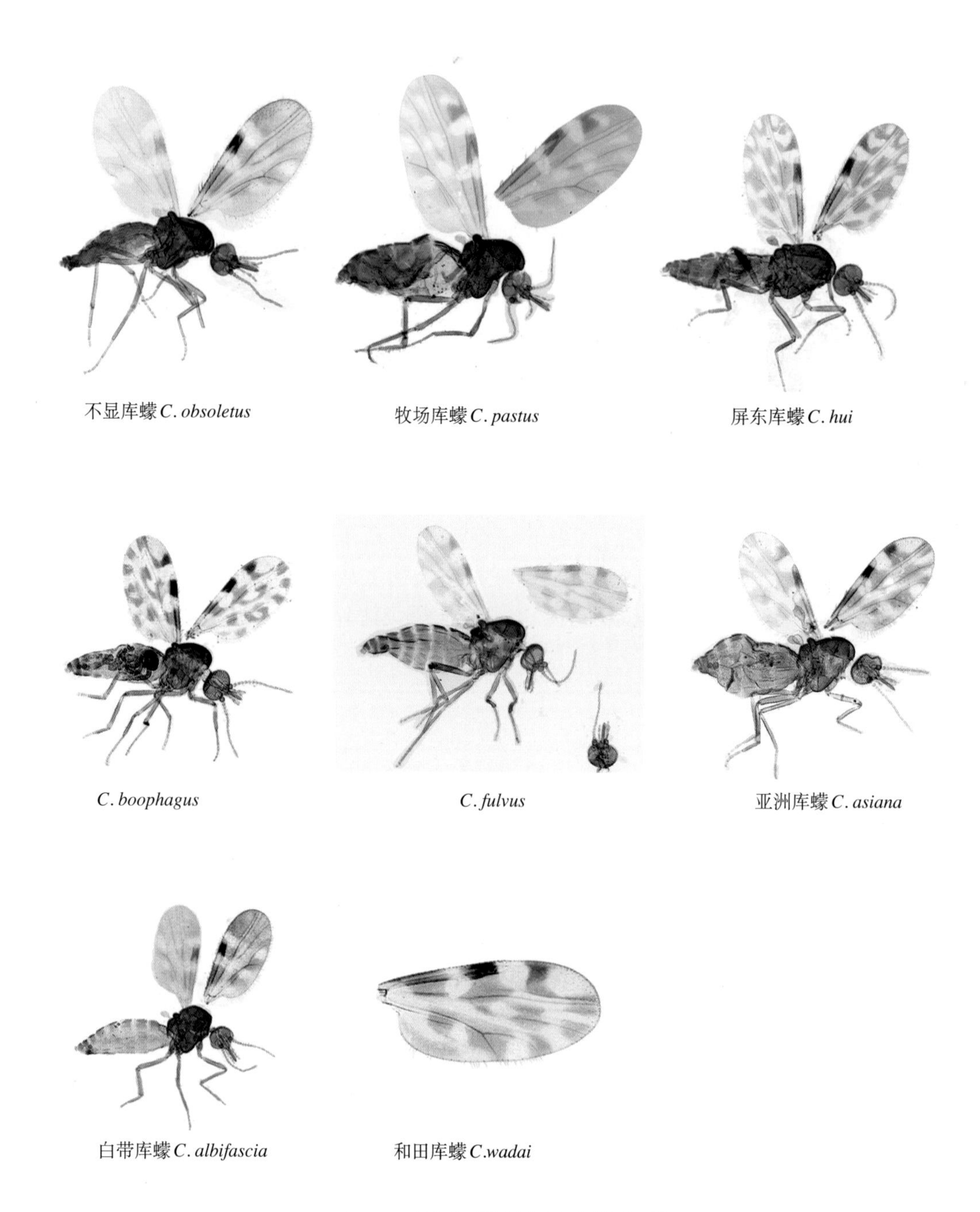

图3-1 在云南发现的二囊亚属库蠓

3.1.1 琉球库蠓 *C. actoni*

中文名：琉球库蠓

鉴别特征：雌虫翅前缘有3个淡斑，径2室全暗，臀室端部有1个近方形的淡斑。头部两复眼相连，小眼面间有柔毛。触角鞭节各节相对比长为13 : 9 : 9 : 10 : 11 : 11 : 12 : 13 : 18 : 18 : 20 : 20 : 29，AR 1.19，触角嗅觉器见于第3,12 ～ 15节。触须5节的相对比长为7 : 19 : 16 : 9 : 9；第3节中部稍后膨大，PR2.29，感觉器聚中在较大而近圆形的感觉器窝内。唇基片鬃每侧2 ～ 3根，大颚齿12 ～ 15枚。后足胫节端鬃5根，第1根最长。腹部有受精囊2个，均发达，近球形（虞以新，2006）。

介绍：*C. actoni*在云南热带地区有分布，数量较少，采用黑光灯方法诱捕获得的该种数量占总采集库蠓数量的比例在1%以下。在曲靖师宗五龙，普洱孟连、红河元阳都有发现。*C. actoni*是重要的蓝舌病传播媒介。

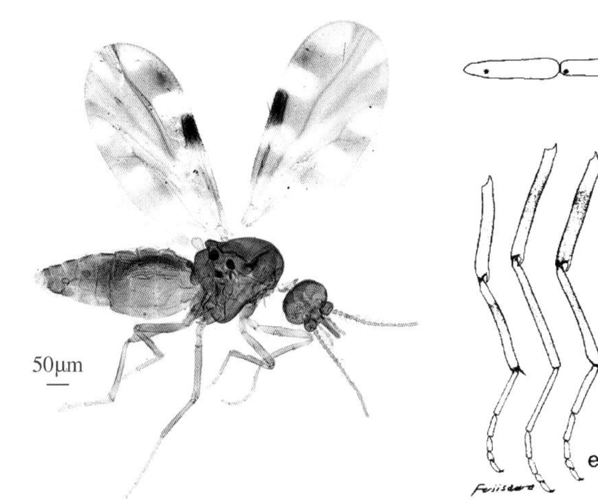

*C. actoni*标本（编号22025，采集于曲靖师宗五龙，2022-7-11）

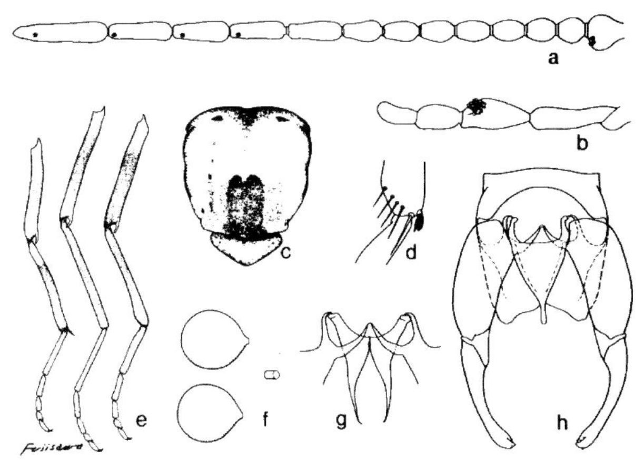

*C. actoni*鉴别特征（Wirth & Hubert，1989）

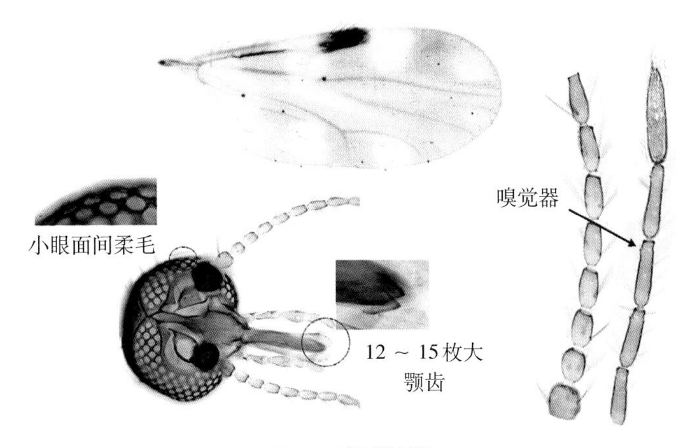

*C. actoni*细节特征

3.1.2 类琉球库蠓 *C.* cf. *actoni*

中文名：未正式命名，暂命名为类琉球库蠓

鉴别特征：其*COI*基因与*C. actoni*显著不同，形态学上区别不明显，主要区别是翅径3室浅色斑淡或者不显，整个翅的浅色斑都较淡。触角嗅觉器见于第3，11 ~ 15节，其他特征与*C. actoni*相同。

介绍：*C.* cf. *actoni*采集于曲靖师宗五龙，数量稀少。在普洱、红河也有零星发现。*C.* cf. *actoni*可能是*C. actoni*的变异品种。

C. cf. *actoni*标本（编号22026，采集于曲靖师宗五龙，2022-7-11）

3.1.3 白带库蠓 *C. albifascia*

中文名：白带库蠓。

鉴别特征：雌虫翅面上除翅基淡斑外，有5个淡斑，径2室端部1/2淡色。头部两复眼相连，小眼面间无柔毛。触角鞭节各节相对比长为18：12：12：14：14：14：14：16：22：22：24：30：42，AR 1.23，触角嗅觉器见于第3，11 ~ 15节。触须5节的相对比长为8：28：26：12：15；第3节稍粗大，PR3.25，感觉器聚合于节端半部一小感觉器窝内。唇基片鬃每侧2 ~ 3根，大颚齿13 ~ 14枚，小颚齿17枚。后足胫节端鬃6根，第2根最长。腹部有受精囊2个，均发达，球形（虞以新，2006）。

介绍：*C. albifascia*数量稀少，但分布较广，在西双版纳勐腊有发现，在迪庆香格里拉高海拔地区也有分布。

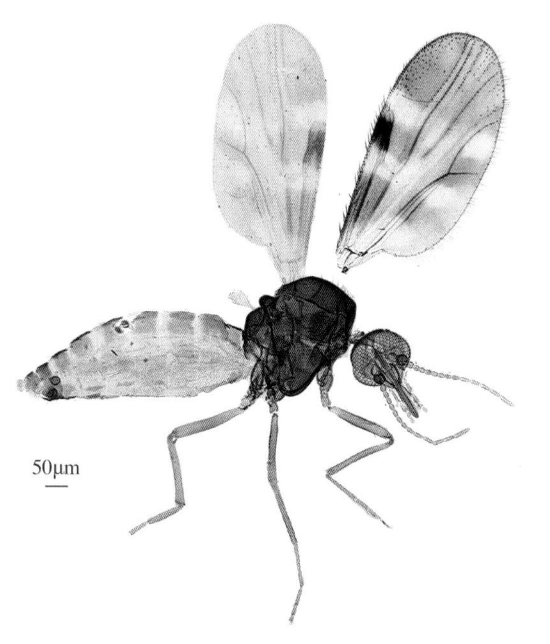

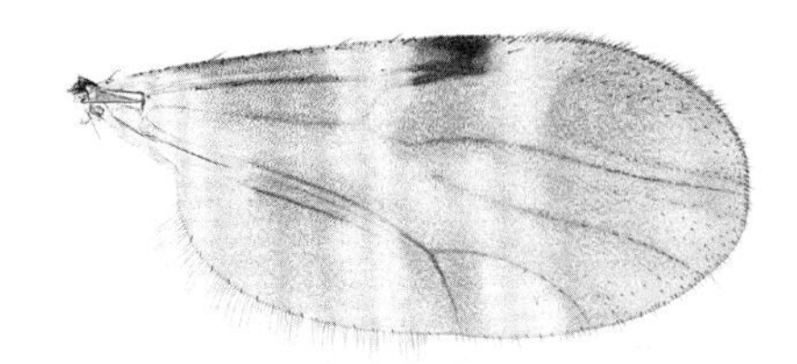

C. albifascia 翅面花纹（标本编号ww26687，采集于迪庆香格里拉，2018-7-10）

C. albifascia 标本（编号22020，采集于西双版纳勐腊，2021-6-3）

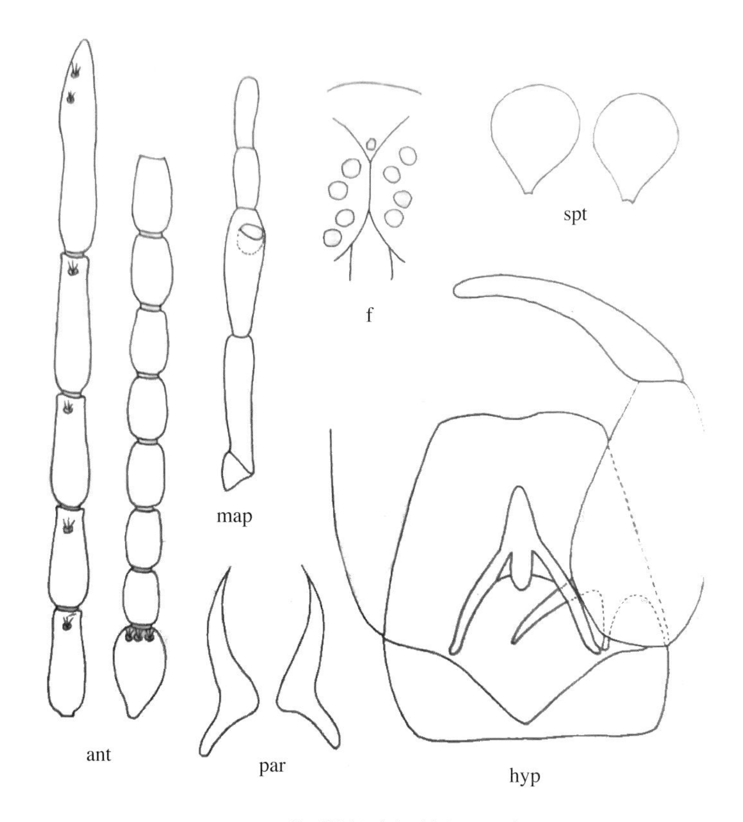

C. albifascia 鉴别特征（虞以新，2006）

注：ant为触角，f为额，hyp为雄虫尾器，map为触须，md为大颚，par为阳基侧突，sgp为受精囊腺，spt为受精囊。余图同。

3.1.4 亚洲库蠓 *C. asiana*

中文名：亚洲库蠓

鉴别特征：该库蠓是国内首次报道。在亚洲很多地方，*C. asiana*通常被误鉴定为*C. brevitarsis*。*C. asiana*和其他二囊亚属库蠓一样，雌虫翅臀室中Cu_1脉基部的浅色斑一直延伸到Cu_1脉顶部（a）；和其他二囊亚属库蠓不一样的在于，臀室中前端黑斑为点状，不延伸到基部（b），第1暗斑（c1）比第2暗斑长（c2）。

介绍：*C. asiana*数量稀少。在曲靖师宗和沾益有发现。

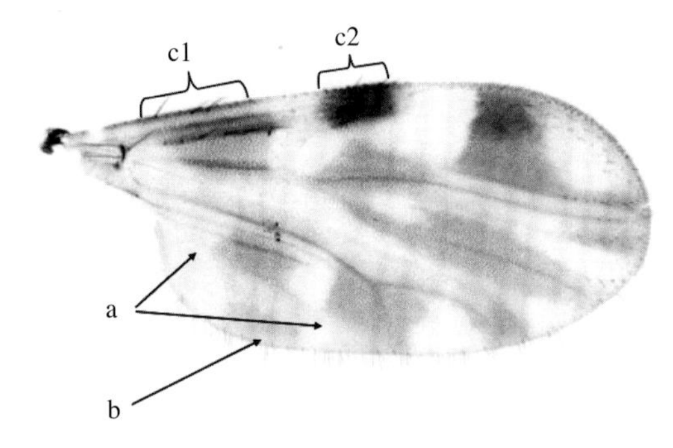

*C. asiana*翅面花纹

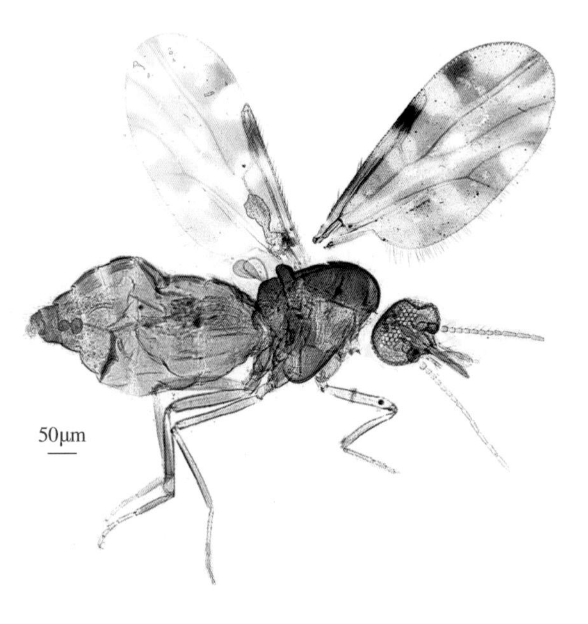

*C. asiana*标本（编号22027，采集于曲靖师宗，2021-8-10）

3.1.5 *C. boophagus*

中文名：暂无中文命名

鉴别特征：国内首次报道。*C. boophagus*和其他二囊亚属库蠓一样，雌虫翅臀室中Cu_1脉基部的浅色斑一直延伸到Cu_1脉顶部（a），与其他二囊亚属库蠓不同的独特鉴别特征在于，*C. boophagus*在M-Cu交叉处的Cu_1脉沿边为浅色（c）。另外，*C. boophagus*臀室中前端黑斑延伸到臀室基部（b），这与*C. tainanus*、*C. orientalis*等相同，与*C. imicola*不同。

介绍：*C. boophagus*为少见种，喜热。在曲靖师宗、西双版纳景洪有发现，数量稀少。

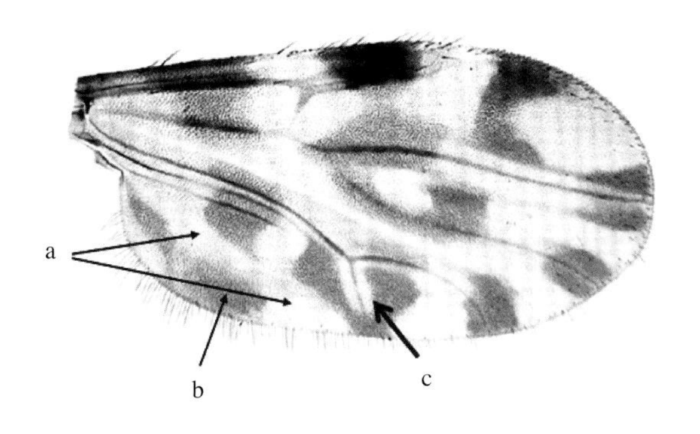

*C. boophagus*翅面花纹

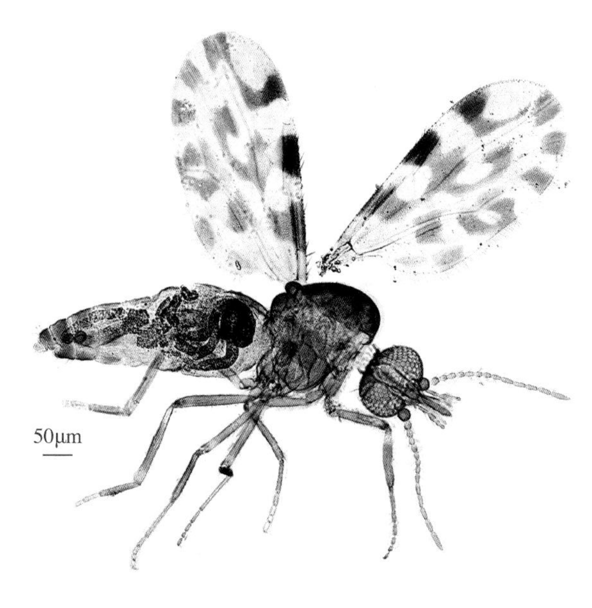

*C. boophagus*标本（编号22024，采集于曲靖师宗，2021-9-20）

3.1.6 *C. fulvus*

中文名： 暂无中文命名

鉴别特征： *C. fulvus*和其他二囊亚属库蠓一样，雌虫翅膀臀室中Cu_1脉基部的浅色斑一直延伸到Cu_1脉顶部（a），不同之处在于臀室中前端黑斑为点状，不延伸到基部（b），另外，第1暗斑（c1）和第2暗斑（c2）长度相近，同*C. asiana*有显著区别。触角嗅觉器位于第3，11 ~ 15节，触须上有椭圆形感觉器窝。

介绍： *C. fulvus*为少见品种，数量稀少。在普洱，西双版纳景洪有发现。

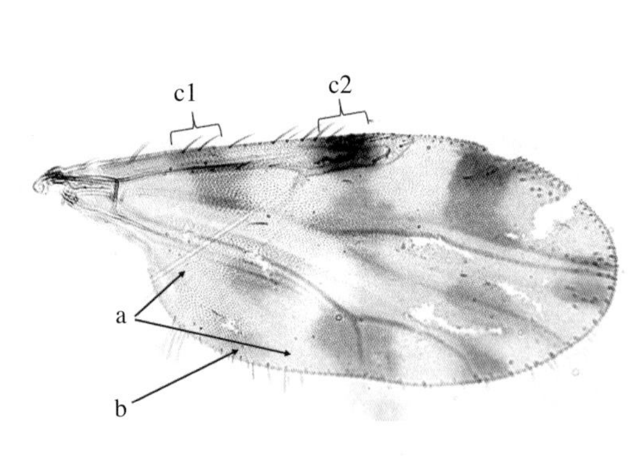

*C. fulvus*翅面花纹

*C. fulvus*标本（编号22012，采集于西双版纳景洪，2022-6-10）

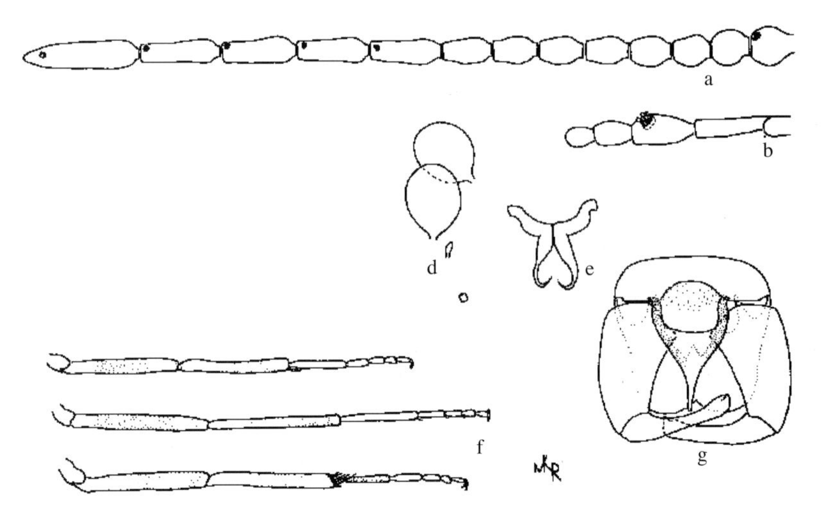

*C. fulvus*鉴别特征（Wirth & Hubert，1989）

3.1.7 屏东库蠓 *C. hui*

中文名：屏东库蠓

鉴别特征：雌虫翅面淡斑多而形状不规则，径2室端部1/3淡色，径5室有2个淡斑。头部两复眼相连，小眼面间无柔毛。触角鞭节各节相对比长为15∶11∶12∶12∶13∶13∶13∶15∶22∶22∶22∶23∶33，AR 1.17，触角嗅觉器见于第3，11～15节。触须5节的相对比长为6∶23∶16∶10∶10；第3节中部稍粗大，有椭圆形感觉器窝，PR2.29。唇基片鬃每侧2根，大颚齿12枚，小颚齿11枚。后足胫节端鬃6根，第1根最长。腹部有受精囊2个，均发达，近球形，有颈（虞以新，2006）。

介绍：*C. hui*为稀有库蠓，仅在曲靖师宗夏天8月有个位数发现。

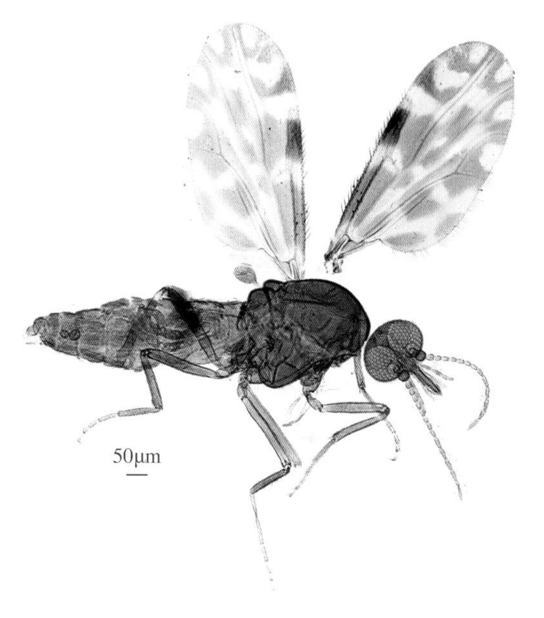

*C. hui*标本（编号22029，采集于曲靖师宗，2021-8-10）

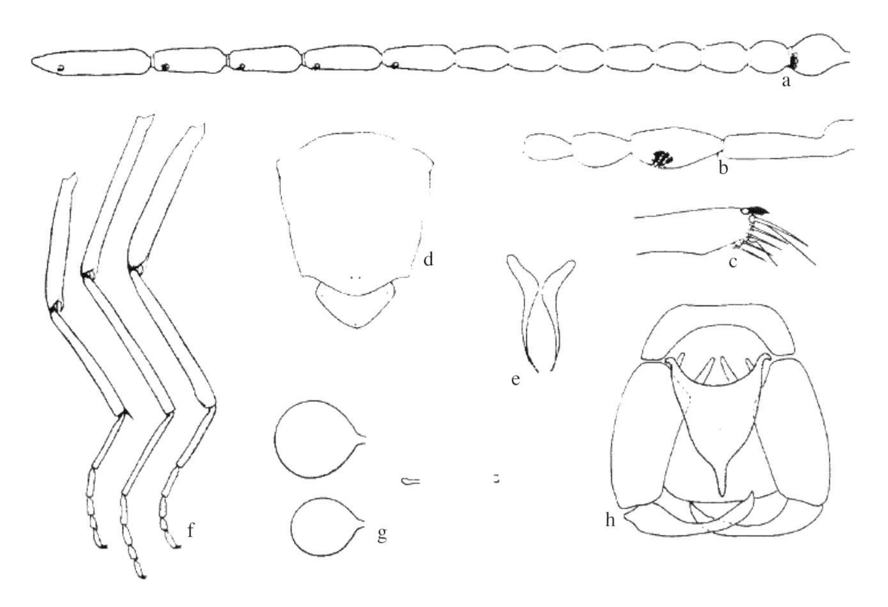

*C. hui*鉴别特征（Wirth & Hubert，1989）

3.1.8 残肢库蠓 *C. imicola*

中文名： 残肢库蠓

鉴别特征： 翅面淡斑多而且形状不规则，径2室2/3淡色，径5室端部有1个大的淡斑，中1室基部有1个棱形淡斑。两复眼相连，小眼面间无柔毛。触角鞭节各节相对比长为16：10：11：11：12：12：12：14：20：20：21：21：33，AR 1.17，触角嗅觉器见于第3，12～15节，少部分见于第3，11～15节，在云南发现的该种库蠓嗅觉器见于第3，12～15节，第11节未见嗅觉器。触须5节的相对比长为8：17：18：11：11；第3节短，端半部粗大，PR2.3，感觉器聚合于节中部的椭圆形小感觉窝内。唇基片每侧2根，大颚齿12枚。后足胫节端鬃5根，第1根最长。腹部有受精囊2个，均发达，椭圆形，有颈，不等大。

介绍： *C. imicola*是非洲，地中海、东南亚地区主要的蓝舌病传播媒介，是最早确定和进行研究的蓝舌病病毒传播昆虫，也是唯一确认的非洲马瘟传播媒介。喜干燥高温，在红河干热河谷地区常见（10%～20%），在楚雄禄丰南部干热地区6—8月为优势种群（>30%），在云南湿热的热带地区有分布但数量较少（<1%）。发现地区为红河元阳、楚雄禄丰、西双版纳景洪（少）、普洱江城（少）。

*C. imicola*标本（编号22057，采集于楚雄禄丰，2022-8-1）

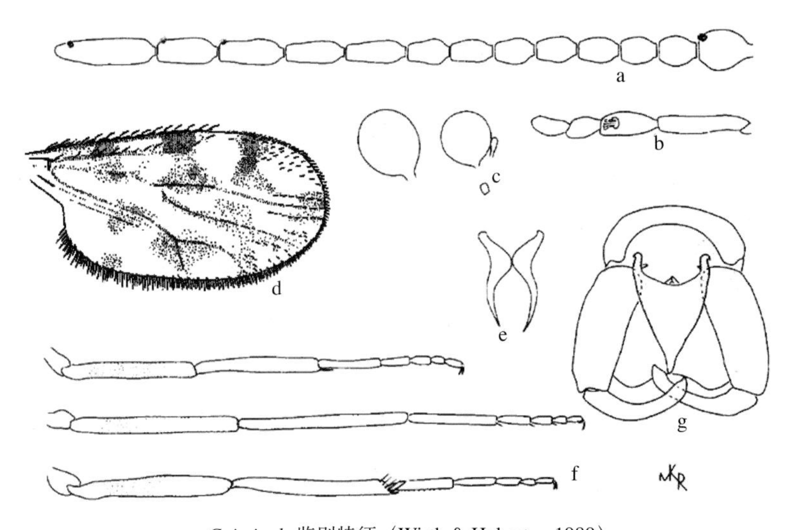

*C. imicola*鉴别特征（Wirth & Hubert，1989）

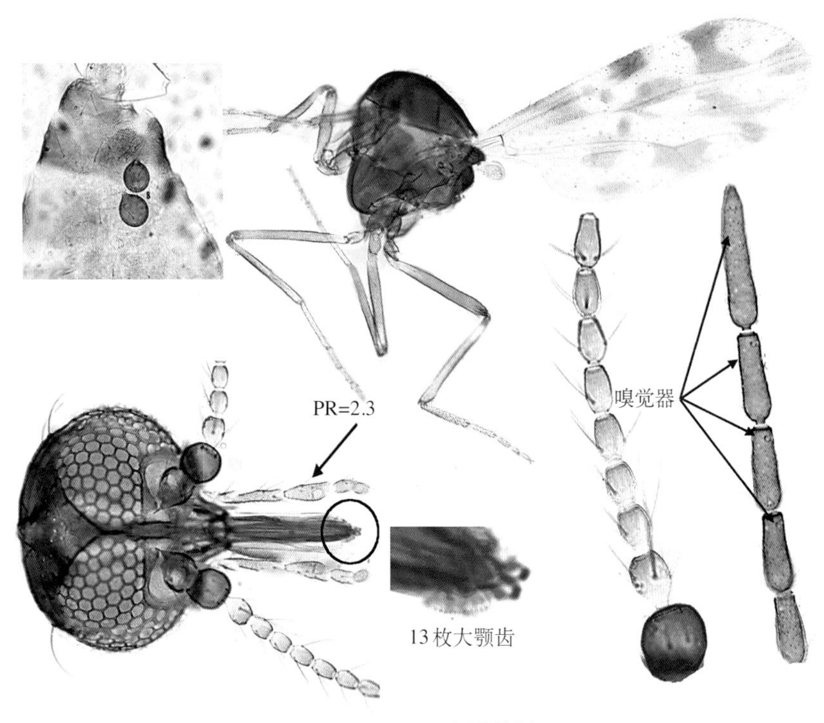

*C. imicola*细节特征

3.1.9 连斑库蠓*C. jacobsoni*

中文名：连斑库蠓

鉴别特征：雌虫除翅基淡斑外有10个淡斑，径2室端部1/3淡色。头部两复眼相连，小眼面间无柔毛。触角鞭节各节相对比长为16：12：13：13：13：14：15：16：23：24：25：24：41，AR 1.22，触角嗅觉器见于第3，11～15节。触须5节的相对比长为8：21：20：11：10；第3节中部粗大，有感觉器窝，PR2.67。大颚齿18枚，小颚齿19枚。后足胫节端鬃5根，第1根最长。腹部有受精囊2个，均发达，椭圆形，有颈，略不等大，另有一退化小囊（虞以新，2006）。

*C. jacobsoni*标本（编号2205，采集于西双版纳景洪，2021-7-21）

介绍：*C. jacobsoni*是云南热带地区最常见库蠓之一，在海拔2 000m以下地区夏、秋季都有分布，比例在1%～10%，在曲靖师宗、红河元阳、楚雄禄丰、普洱江城以及德宏、西双版纳都有发现。研究表明，*C. jacobsoni*可以传播蓝舌病、西藏环状病毒等。

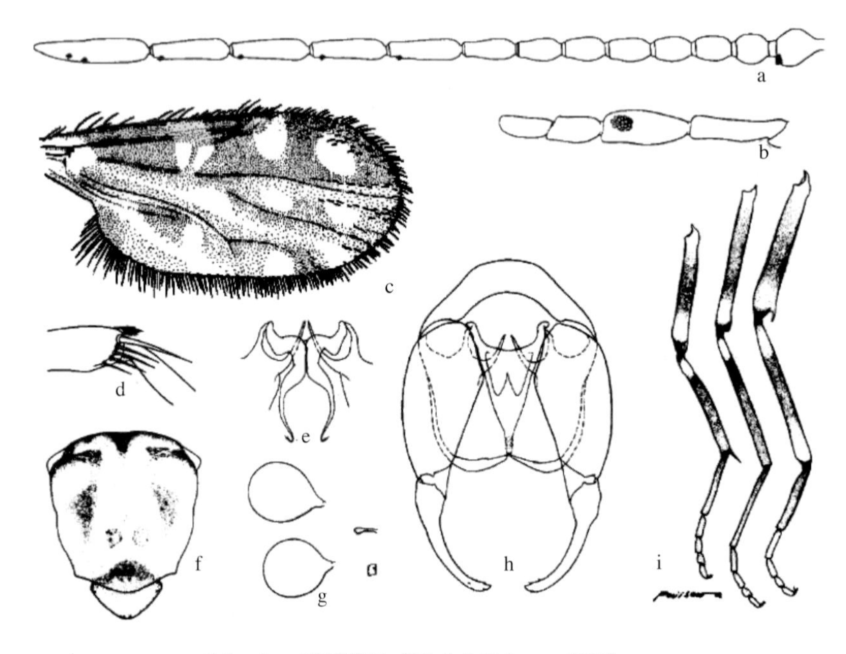

*C. jacobsoni*鉴别特征（Wirth & Hubert，1989）

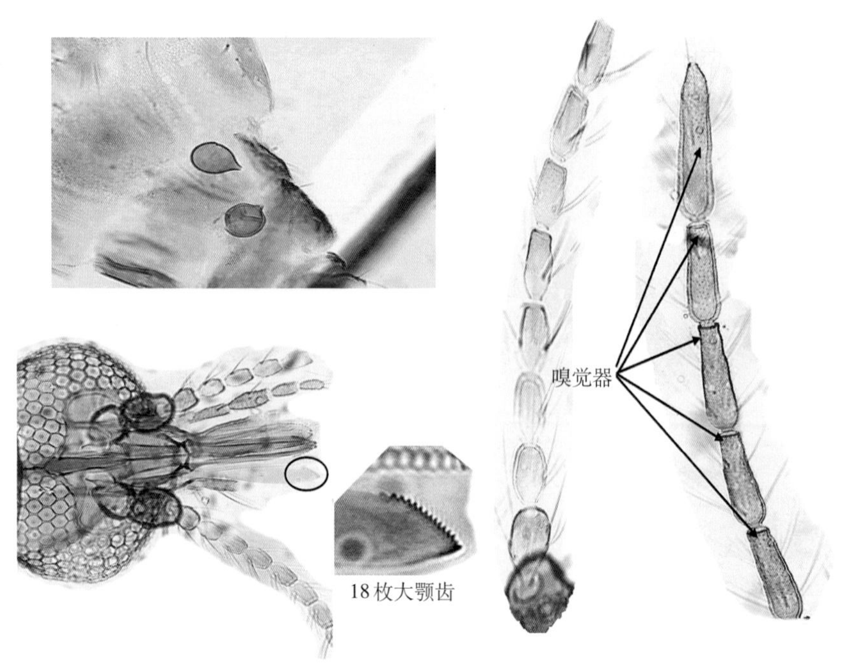

*C. jacobsoni*细节特征

3.1.10 不显库蠓 *C. obsoletus*

中文名：不显库蠓

鉴别特征：雌虫翅面上有淡、暗斑，径5室、中1室、中2室端部各有1个模糊淡斑。头部两复眼相连，小眼面间无柔毛。触角鞭节各节相对比长为18∶12∶11∶12∶12∶13∶13∶14∶18∶20∶20∶24∶36，AR 1.12，触角嗅觉器见于第3，11～15节。触须5节的相对比长为4∶15∶13∶6∶6；第3节中部稍粗大，感觉器位于节近端部的感觉器窝内，PR3.25。唇基片鬃每侧2根，大颚齿13～14枚，小颚齿16枚。后足胫节端鬃5根，第1根最长。腹部有受精囊2个，均发达，有短颈，略不等大（虞以新，2006）。

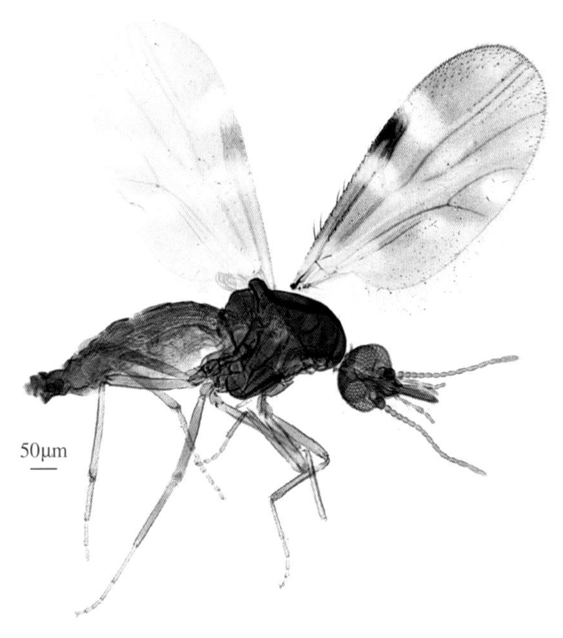

C. obsoletus 标本（编号22067，采集于保山腾冲，2022-8-3）

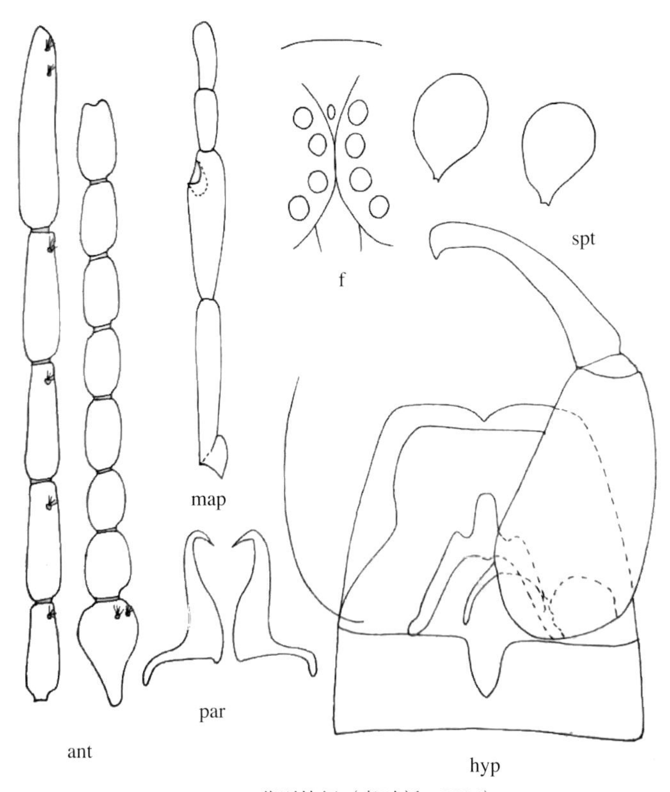

C. obsoletus 鉴别特征（虞以新，2006）

介绍：DNA分析表明，云南*C. obsoletus*和欧洲*C. obsoletus*有显著区别，可能是不同种，形态上云南*C. obsoletus*更接近*C. albifascia*。云南*C. obsoletus*为温带耐寒种群，在云南中部海拔1 800 ~ 3 000m有分布，在海拔约3 000m的迪庆香格里拉也有发现，但数量较少，比例在1%以下。发现地区包括保山腾冲、迪庆香格里拉、曲靖师宗、普洱孟连。欧洲*C. obsoletus*是重要的蓝舌病传播媒介，是在欧洲跨越阿尔卑斯山脉传播蓝舌病的主要媒介。云南*C. obsoletus*同样也传播蓝舌病，在迪庆香格里拉的调查表明，云南*C. obsoletus*是高海拔地区传播蓝舌病的媒介之一。

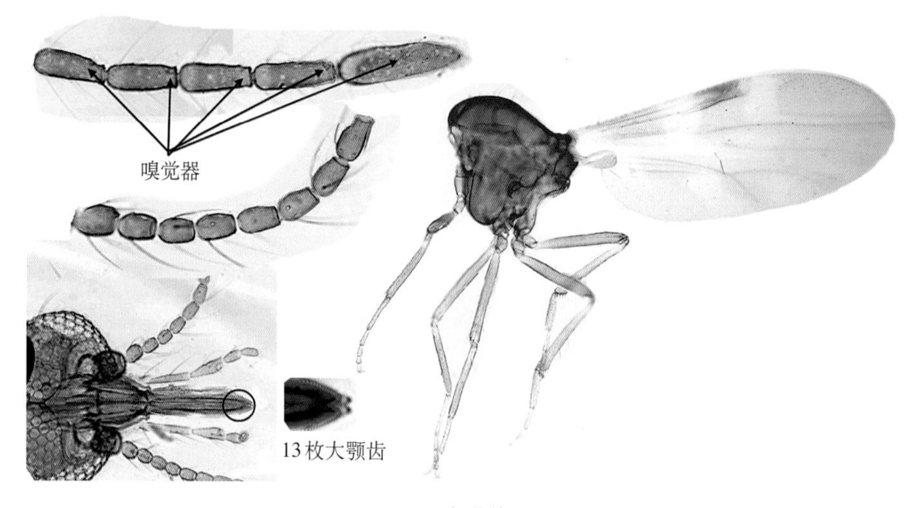

*C. obsoletus*细节特征

3.1.11　东方库蠓*C. orientalis*

中文名：东方库蠓

鉴别特征：雌虫翅面上淡、暗斑明显，其中淡斑大而且形状不规则，径2室端部1/3淡色。两复眼相连，小眼面间无柔毛。触角鞭节各节相对比长为7：4：5：5：5：6：5：5：9：10：10：10：15，AR 1.29，触角嗅觉器见于第3，11 ~ 15节。触须5节的相对比长为4：12：10：5：5；第3节中部稍粗大，感觉器聚合于节中椭圆形的感觉器窝内，PR2.50。唇基片鬃每侧2根，大颚齿14枚。后足胫节端鬃5根，第1根最长。腹部有受精囊2个，均发达，球形，等大，有颈（虞以新，2006）。

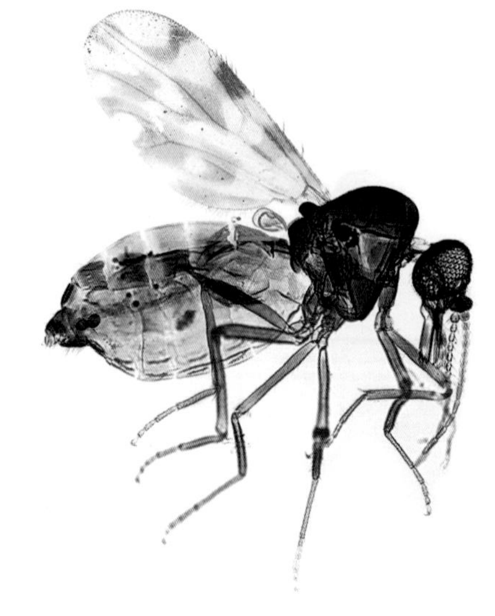

C. orientalis 标本（编号2201，采集于西双版纳景洪勐养，2022-7-20）

介绍：云南热带地区优势库蠓，海拔1 000m以下有分布。*C. orientalis*和*C. tainanus*的区别较少。在西双版纳、德宏、红河为优势库蠓种群（>30%）。

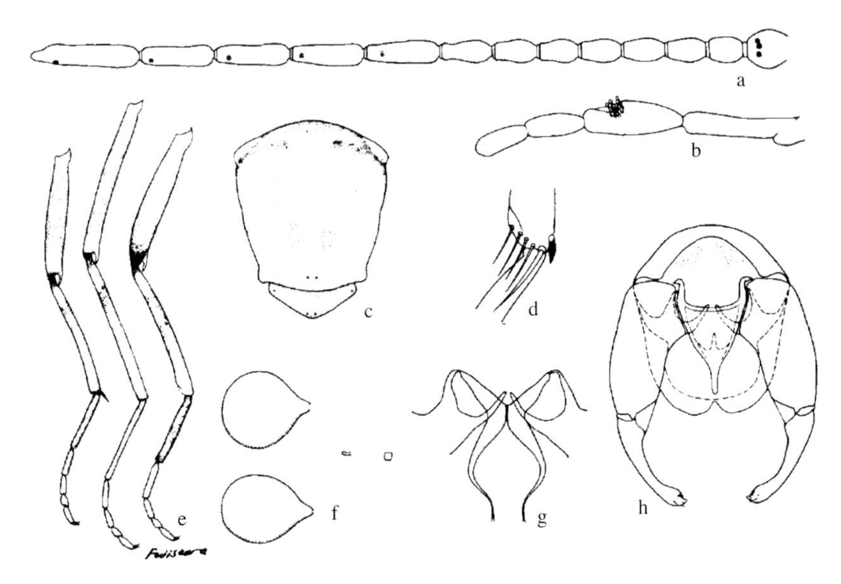

*C. orientalis*鉴别特征（Wirth & Hubert，1989）

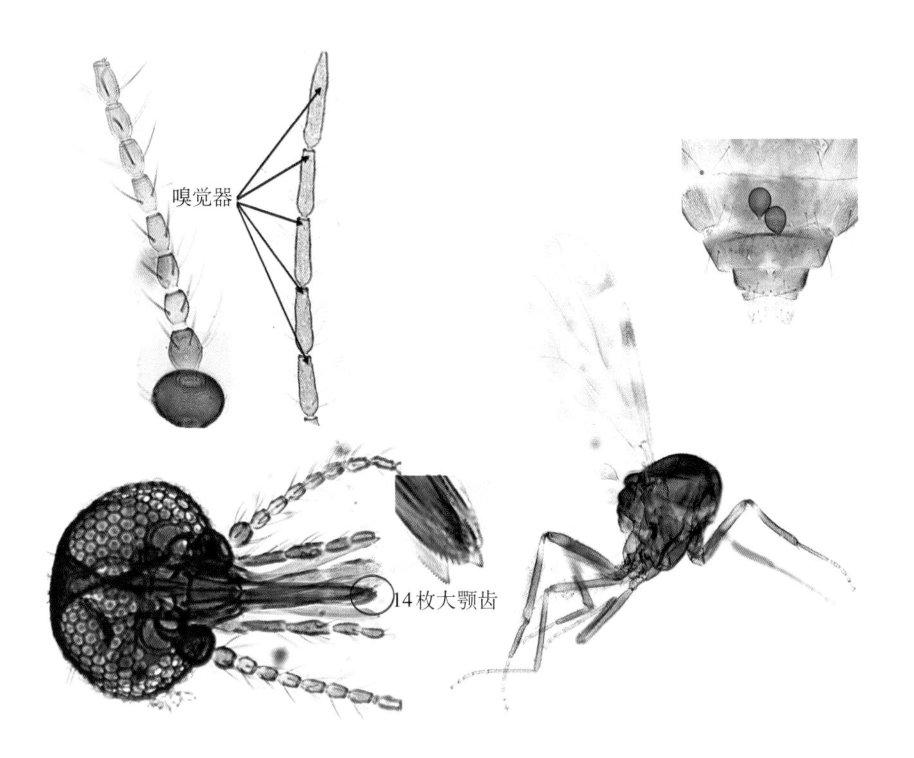

*C. orientalis*细节特征

3.1.12 牧场库蠓 *C. pastus*

中文名：牧场库蠓

鉴别特征：雌虫翅面上有淡、暗斑，径2室端部1/2暗色，中2室自基部向端部延伸1条窄的淡色带，臀室自基部向端部延伸1条宽的淡色带。头部两复眼相连，小眼面间无柔毛。触角鞭节各节相对比长为13∶8∶8∶8∶9∶9∶9∶10∶14∶15∶16∶17∶25，AR 1.18，触角嗅觉器见于第3，11～15节。触须5节的相对比长为6∶14∶14∶8∶9；第3节稍粗大，感觉器位于节近端部1个近圆形的感觉器窝内，PR2.31。唇基片鬃每侧2根，大颚齿13枚。后足胫节端鬃5根，第1根最长。腹部有受精囊2个，均发达，近球形，有颈，不等大，有一退化的杆状棒（虞以新，2006）。

*C. pastus*标本（编号22018，采集于曲靖师宗，2021-11-3）

介绍：*C. pastus*为耐寒种群，在迪庆香格里拉海拔3 000m地区有发现，在曲靖师宗冬天10月后也有采集到。

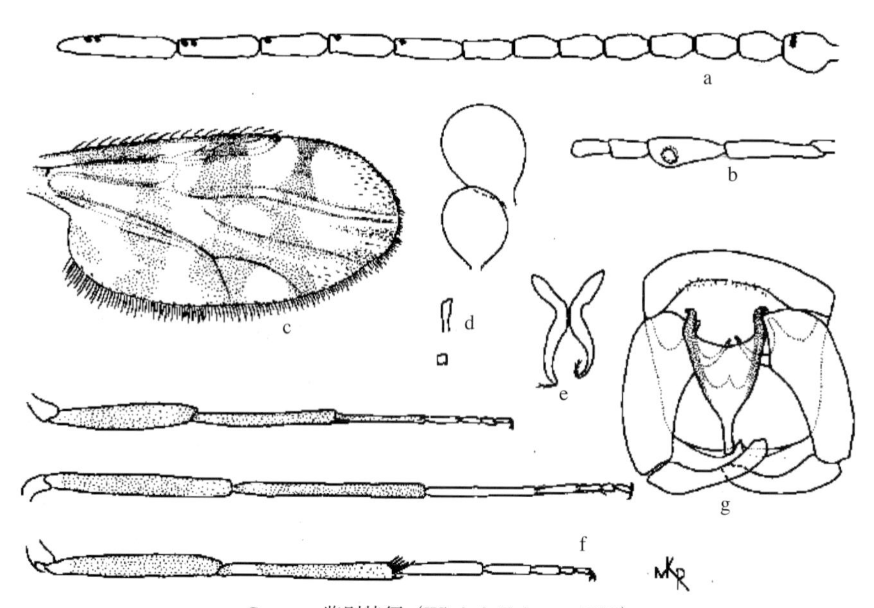

*C. pastus*鉴别特征（Wirth & Hubert，1989）

3.1.13 条带库蠓 *C. tainanus*

中文名：条带库蠓

鉴别特征：雌虫翅面上淡斑大小不一，形状不规则，径2室端部1/3淡色，中2室自基部延伸1条宽窄不一的淡色带。两复眼相连，小眼面间无柔毛。触角鞭节各节相对比长为17∶11∶11∶11∶13∶12∶13∶14∶21∶22∶23∶23∶34，AR 1.21，触角嗅觉器见于第3，11～15节。触须5节的相对比长为8∶27∶24∶14∶13；第3节稍粗大，近端部1/3处有一个近圆形的感觉器窝，PR3.0。唇基片每侧2根，大颚齿14枚。后足胫节端鬃5根，第1根最长。腹部有受精囊2个，均发达，球形，有颈（虞以新，2006）。

*C. tainanus*标本（编号22021，采集于德宏瑞丽，2022-7-10）

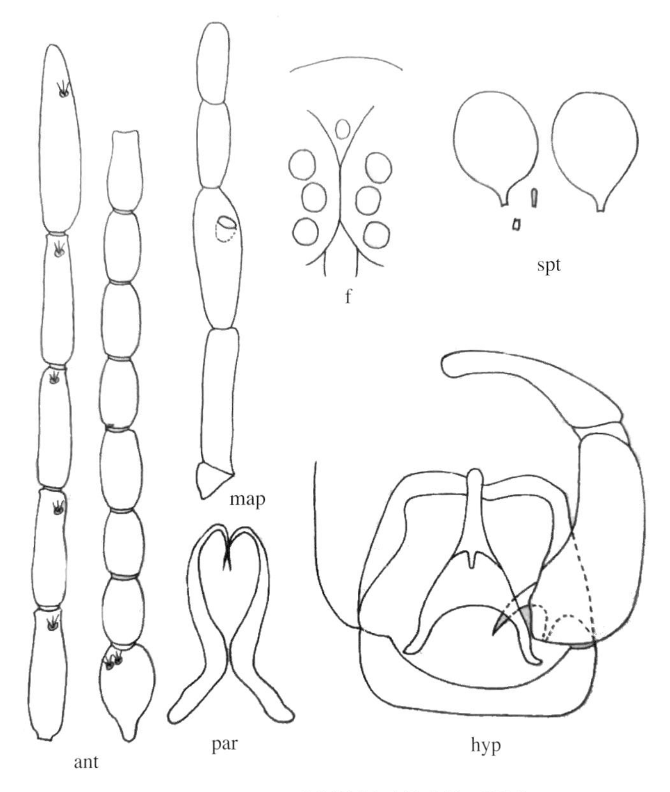

*C. tainanus*鉴别特征（虞以新，2006）

介绍：云南省分布最广泛的库蠓，在海拔500 ~ 2 000m地区都有发现，为云南中部海拔1 000m地区优势库蠓种群，研究表明，*C. tainanus*能够携带蓝舌病病毒。*COI*基因有多态性，*COI*基因不同的库蠓在翅面花纹上有细微差别。在云南海拔2 000m以下地区都有发现。其中，在曲靖师宗、普洱江城、昆明宜良、迪庆香格里拉低海拔地区为优势库蠓种群（>30%）。

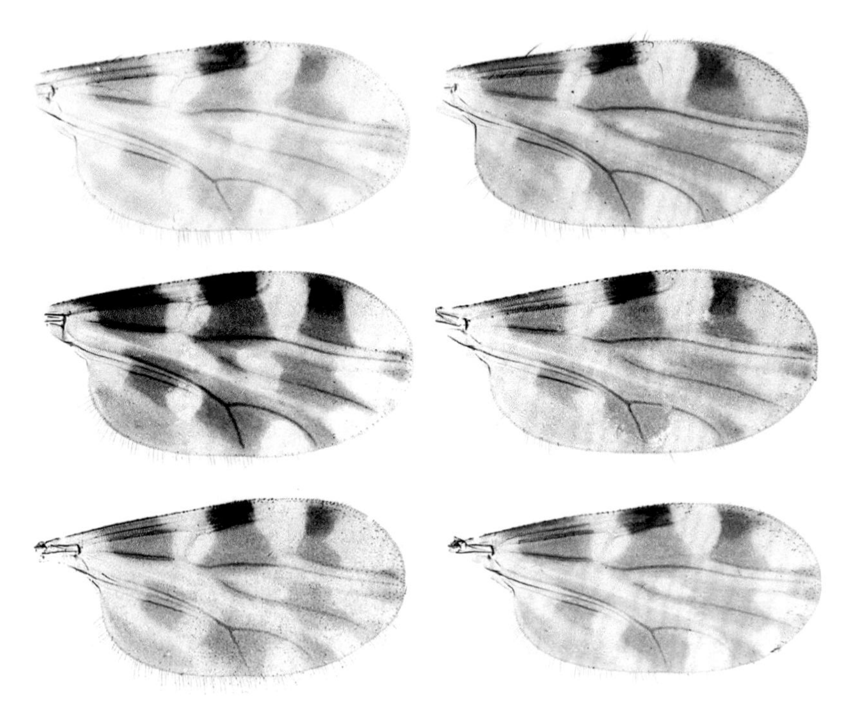

不同地点采集到的*C. tainanus*翅面花纹有细微区别（*COI*基因上也有区别，样品来源于德宏、西双版纳，曲靖师宗）

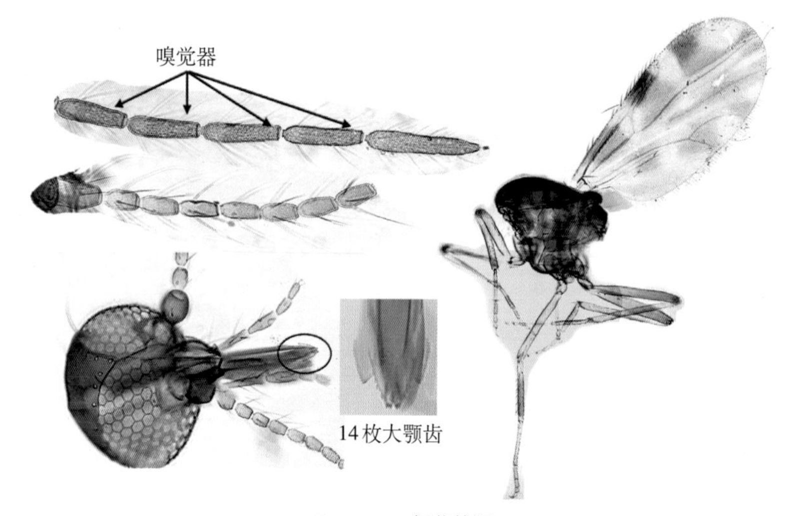

*C. tainanus*细节特征

3.1.14 和田库蠓 *C. wadai*

中文名：和田库蠓

鉴别特征：雌虫翅径2室端部1/3淡色。头部两复眼相连，连接处约有2个小眼的直径长，小眼面间无柔毛。触角鞭节各节相对比长为16∶12∶12∶13∶13∶13∶13∶16∶21∶21∶21∶21∶31，AR 1.06，触角嗅觉器见于第3，11～15节。触须5节的相对比长为8∶20∶20∶12∶10；第3节稍粗大，感觉器聚合于1个近圆形感觉器窝内，PR2.50。唇基片鬃每侧3根，大颚齿15枚，小颚齿16枚。后足胫节端鬃5根，第1根最长。腹部有受精囊2个，均发达，椭圆形，有颈，约不等大（虞以新，2006）。

介绍：*C. wadai*数量稀少，发现于曲靖沾益。

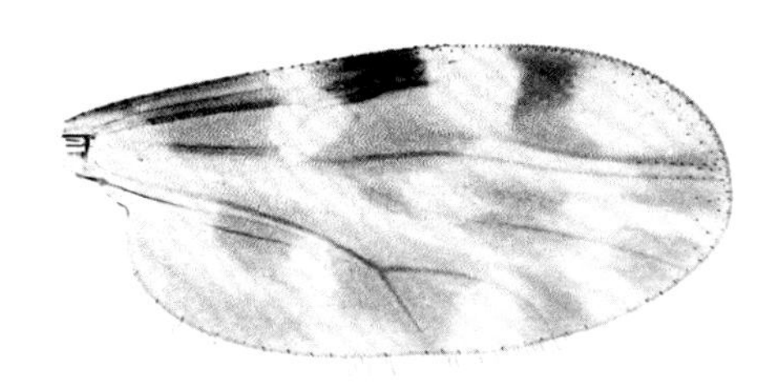

*C. wadai*翅面花纹（标本编号ww26687 AEA9938 YNP8-B4，采集于曲靖沾益）

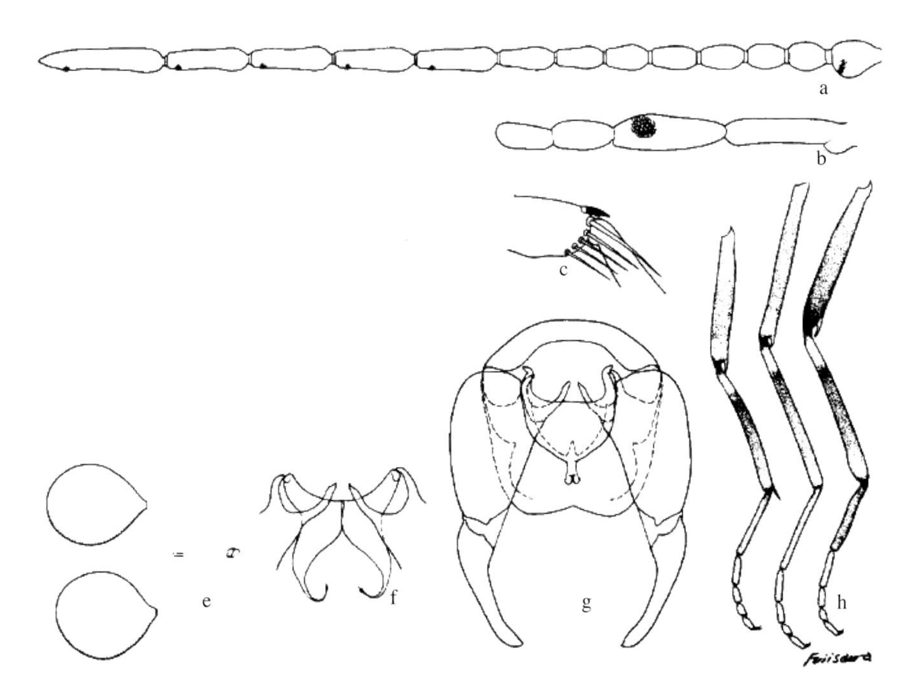

*C. wadai*鉴别特征（Wirth & Hubert，1989）

3.2 霍蠓亚属 *Hoffmania*

霍蠓亚属是Wirth 和 Hubert（1989）确定的1个亚属，主要特征是臀室的3个白斑独立不融合。目前，国内没有霍蠓亚属的分类，虞以新在《中国蠓科昆虫》中把霍蠓亚属的库蠓大部分都归到二囊亚属中。在此，主要遵循Wirth 和 Hubert（1989）的分类原则，保留霍蠓亚属。在云南发现的霍蠓亚属库蠓有*C. liui*、*C. insignipennis*、*C. sumatrae*、*C. spiculae*、*C. innoxius*、*C. peregrinus*、*C. bubalus*（图3-2）。霍蠓亚属是基因多样性比较丰富的库蠓，同形态库蠓的*COI*基因区别较大，其中*C. innoxius*是基因多形性最复杂的库蠓之一。

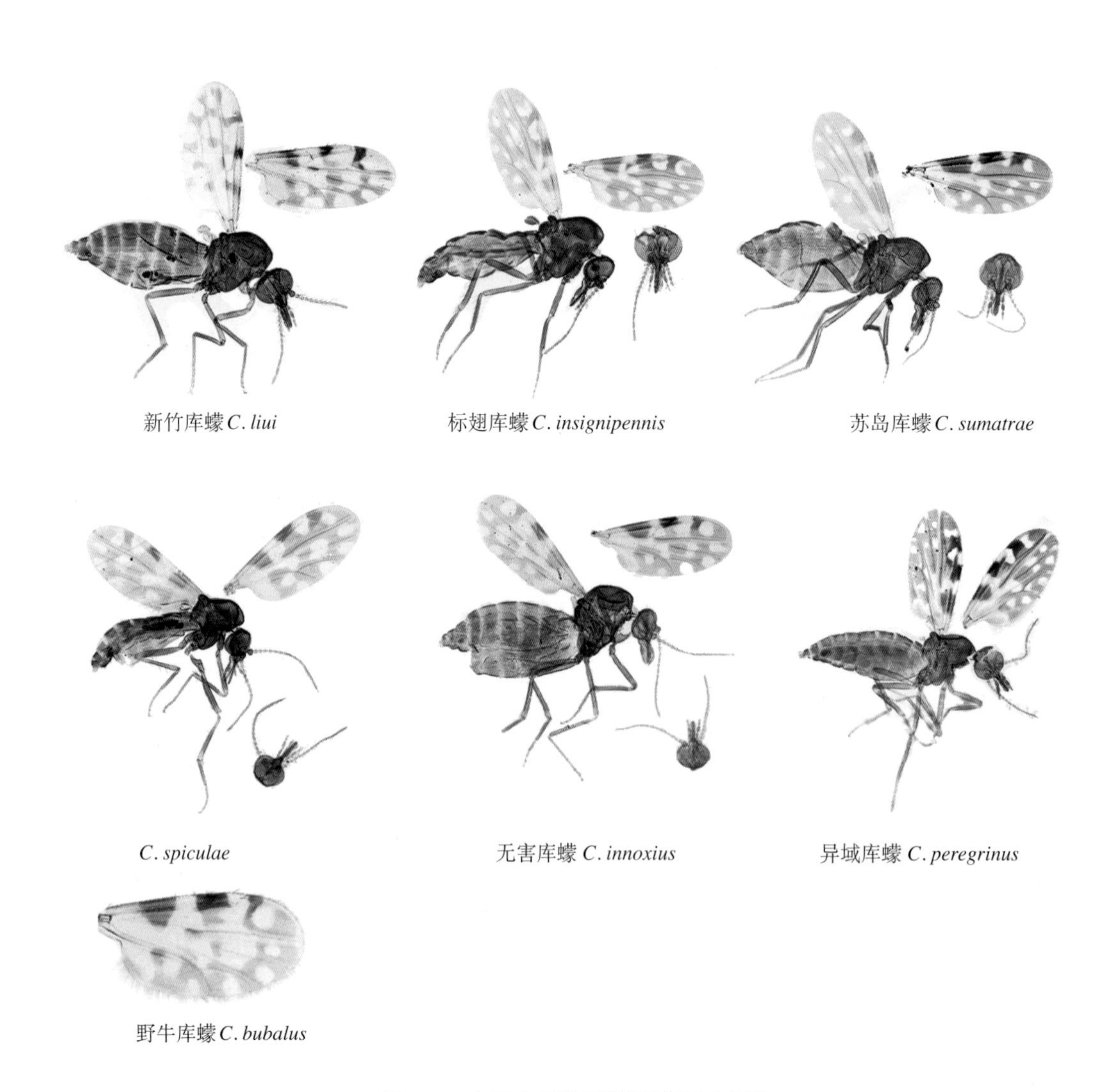

图3-2　在云南采集到的霍蠓亚属库蠓

3.2.1 野牛库蠓*C. bubalus*

中文名：野牛库蠓

鉴别特征：头部两复眼相连，小眼面间无柔毛。触角鞭节各节相对比长为22：20：22：24：23：23：24：25：35：35：41：39：57，AR 1.13，触角嗅觉器见于第3，11～15节。触须5节的相对比长为13：25：35：18：20；第3节基部粗大，远端细，感觉器聚合于节远端大而圆的感觉器窝，PR3.2。大颚齿18枚。后足胫节端鬃6根，第2根最长。腹部有受精囊2个，均发达，有颈，有一杆状退化囊。

介绍：仅仅采集到个位数的标本，标本采集于西双版纳景洪。但还不能百分百确定标本为*C. bubalus*，有可能是*C. gaponus*。

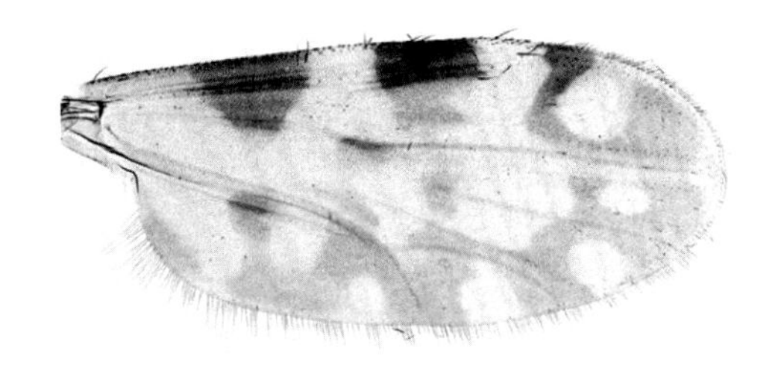

*C. bubalus*翅面花纹（标本编号AEB4620 YNP6-F7，采集于西双版纳景洪，2021-6-20）

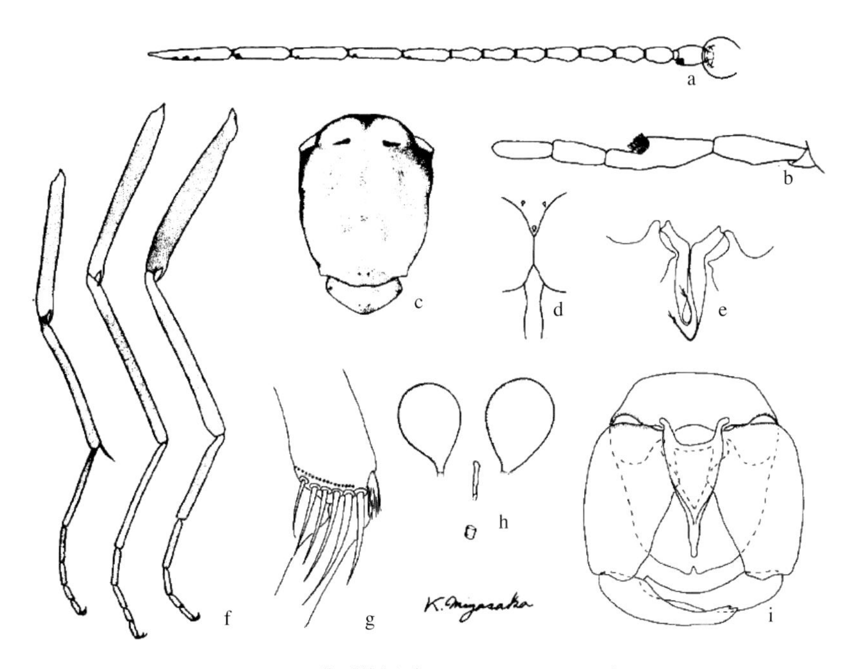

*C. bubalus*鉴别特征（Wirth & Hubert，1989）

3.2.2 无害库蠓 *C. innoxius*

中文名：无害库蠓

鉴别特征：雌虫翅面上除翅基淡斑外，有12个淡斑，径2室1/2淡色，臀室中有3个淡斑。头部两复眼相连，小眼面间无柔毛，有额缝及纵缝。触角鞭节各节相对比长为11 : 10 : 10 : 10 : 10 : 10 : 10 : 11 : 15 : 16 : 17 : 19 : 29, AR 1.17，触角嗅觉器见于第3，11 ~ 15节。触须5节的相对比长为5 : 15 : 18 : 8 : 9；第3节中部粗大，感觉器聚合于节端半部一感觉器窝，PR2.50。唇基片鬃每侧2根，大颚齿18 ~ 20枚，小颚齿21枚。后足胫节端鬃5根，第2根最长。腹部有受精囊2个，均发达，近球形，有短颈，约等大，有一退化的小囊（虞以新，2006）。

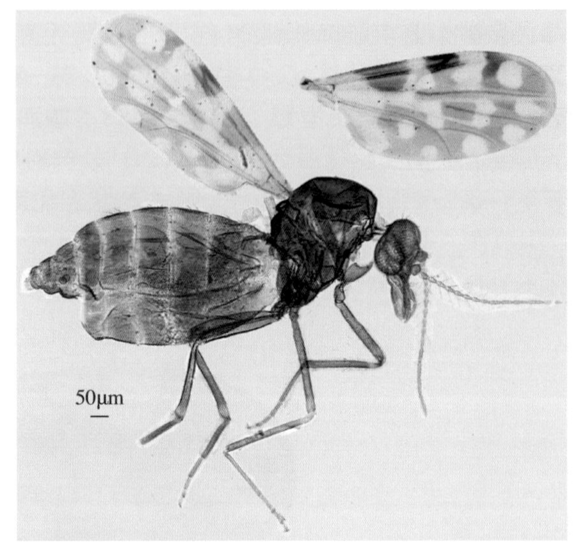

*C. innoxius*标本（编号22015，采集于西双版纳景洪勐养，2021-6-10）

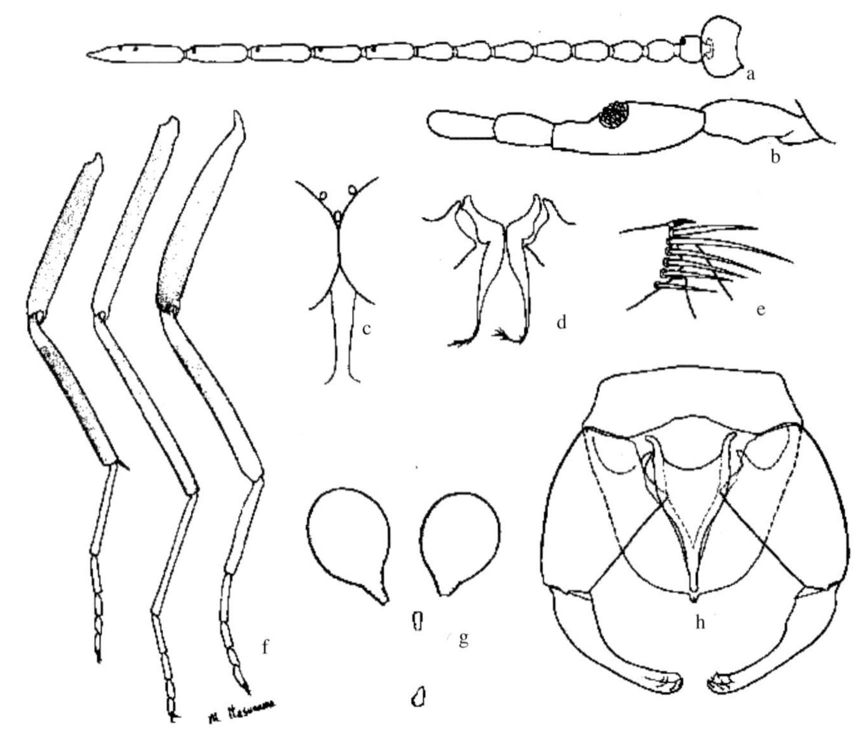

*C. innoxius*鉴别特征（Wirth & Hubert，1989）

介绍：*C. innoxius*分布于云南热带地区，如西双版纳、红河。*COI*基因多形性显著，不同基因型的翅面花纹有细微区别，是红河县[①]、西双版纳勐腊的优势种群（>20%），其他热带地区都有发现，采集的数量比例为1%～10%。

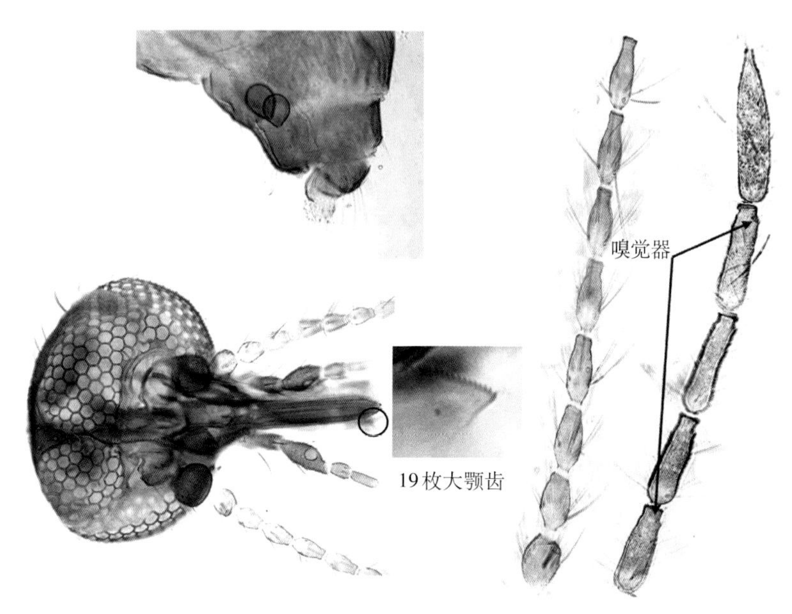

*C. innoxius*细节特征

3.2.3　标翅库蠓 *C. insignipennis*

中文名：标翅库蠓

鉴别特征：雌虫翅面上有淡、暗斑，径2室几乎全为淡色，径5室的淡斑近叉状，中1，2，3+4脉端各有1个小淡斑，中4室有2个淡斑，位于近基部前缘的淡斑长卵形。头部两复眼相连，小眼面间无柔毛，有弧形的额缝。触角鞭节各节相对比长为19∶14∶16∶18∶19∶18∶19∶20∶27∶28∶31∶33∶43，AR 1.13，触角嗅觉器见于第3，11～15节。触须5节的相对比长为5∶16∶17∶8∶7；第3节稍粗大，有小的感觉器窝，PR3.78。唇基片鬃每侧2根，大颚齿16枚，小颚齿19枚。后足胫节端鬃6根，第2根最长。腹部有受精囊2个，均发达，椭圆形，有颈，不等大（虞以

*C. insignipennis*标本（编号2206，采集于西双版纳景洪勐养，2021-6-10）

① 在本书中，若红河单独出现，指红河哈尼族彝族自治州。红河县指红河哈尼族彝族自治州红河县。

新，2006）。

介绍：*C. insignipennis*是*C. elongaus*的同名库蠓。*C. insignipennis*是云南常见库蠓，在海拔2 000m以下地区都有发现，但数量不多，各地采集的数量比例比不超过1%。典型分布地区为西双版纳、德宏，曲靖师宗。

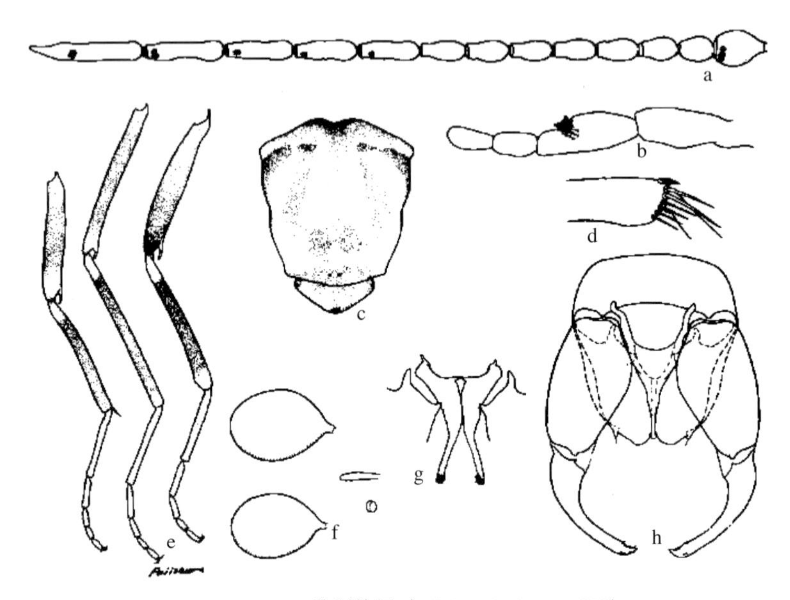

*C. insignipennis*鉴别特征（Wirth & Hubert，1989）

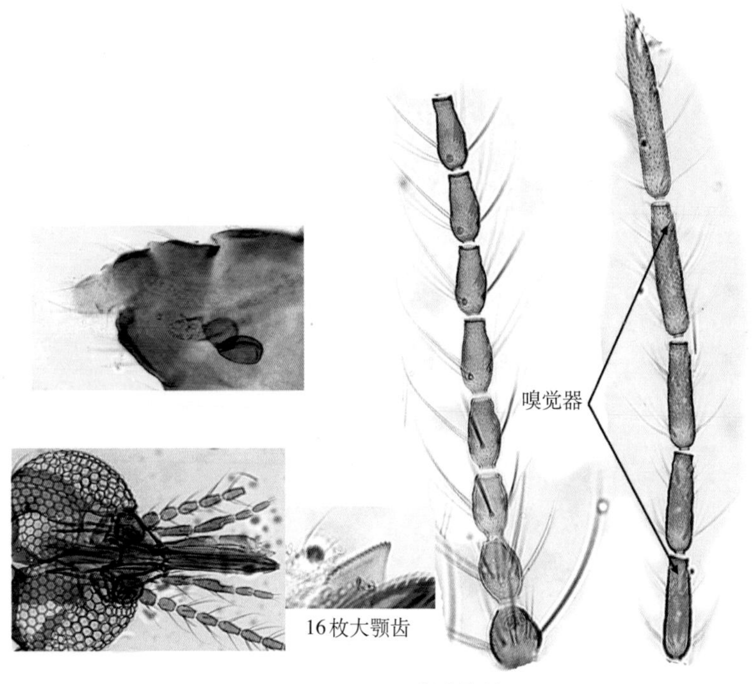

*C. insignipennis*细节特征

3.2.4 新竹库蠓*C. liui*

中文名：新竹库蠓

鉴别特征：雌虫翅面有淡、暗斑，径2室端部4/5淡色，中2室近基部4/5几乎全为淡色区，臀脉中部和端部各有1个暗斑。头部两复眼相连，小眼面间无柔毛。触角鞭节各节相对比长为22：18：20：18：18：18：18：18：24：24：30：34：44，AR 1.04，触角嗅觉器见于第3，11～15节。触须5节的相对比长为10：29：38：16：10；第3节稍粗大，感觉器聚合于节中部一小感觉器窝内，PR3.45。唇基片鬃每侧2根，大颚齿19枚，小颚齿21枚。后足胫节端鬃6根，第2根最长。腹部有受精囊2个，均发达，椭圆形，有颈，不等大（虞以新，2006）。

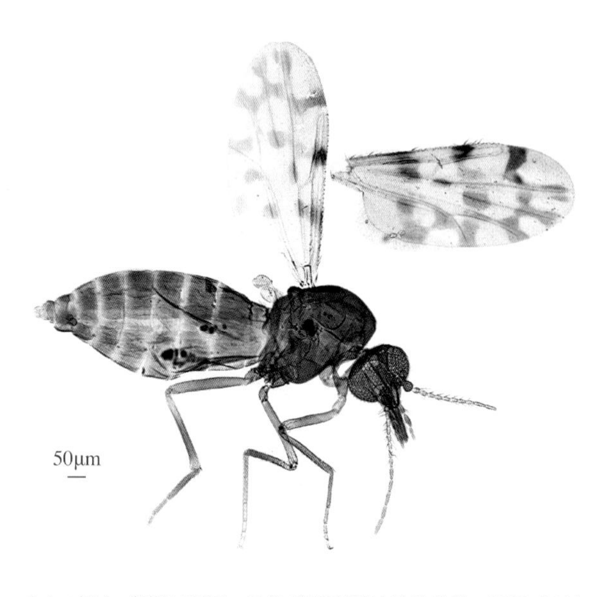

*C. liui*标本（编号2207，采集于西双版纳景洪勐养，2022-6-10）

介绍：*C. liui*是云南常见库蠓，在海拔1 000m以下地区都有发现，但数量较少，各地采集的数量比例不超过1%，典型分布地区为西双版纳景洪、德宏芒市。

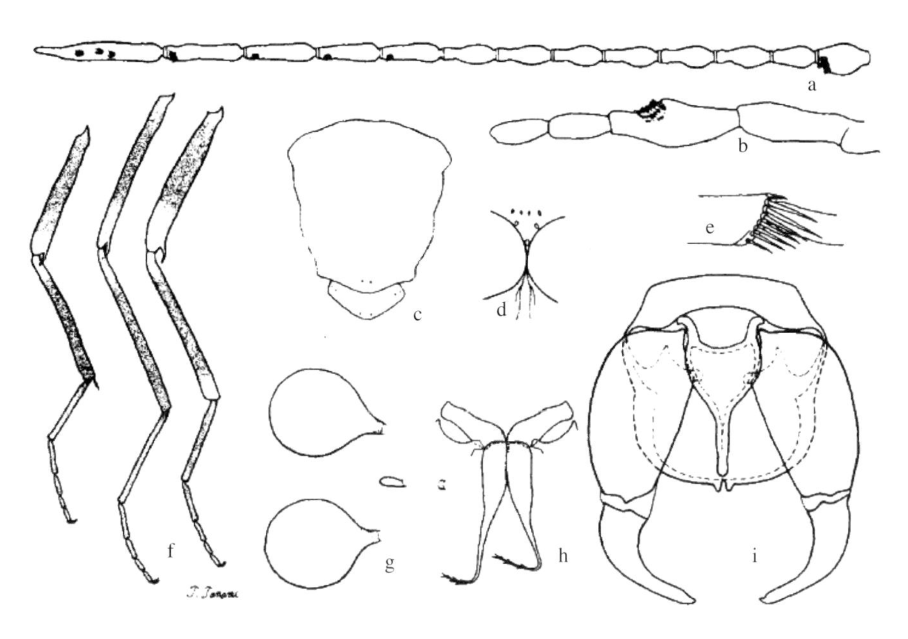

*C. liui*鉴别特征（Wirth & Hubert，1989）

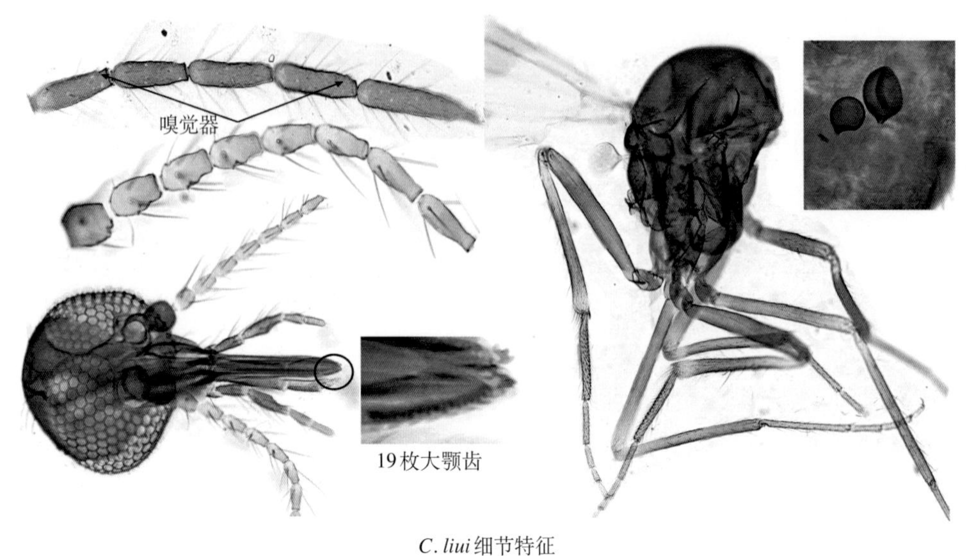

*C. liui*细节特征

3.2.5 异域库蠓*C. peregrinus*

中文名：异域库蠓

鉴别特征：雌虫翅面上淡、暗斑明显，径2室端部1/3淡色，中4室基部淡色，中间有1个淡斑。头部两复眼相连，连接距离短，约为1个小眼面的直径，小眼面间无柔毛。触角鞭节各节相对比长为17∶13∶13∶15∶15∶15∶15∶17∶23∶23∶25∶29∶40，AR 1.17，触角嗅觉器见于第3，11～15节。触须5节的相对比长为5∶13∶15∶5∶6；第3节中部粗大，感觉器聚合于节端半部一小型感觉器窝，PR3.00。唇基片鬃每侧2根，大颚齿13枚。后足胫节端鬃6根，第2根最长。腹部有受精囊2个，均发达，椭圆形，有颈（虞以新，2006）。

介绍：*C. peregrinus*较少见，在云南仅仅采集到个位数的标本，标本采集于临沧耿马、保山腾冲。

*C. peregrinus*标本（编号22042，采集于保山腾冲，2021-8-15）

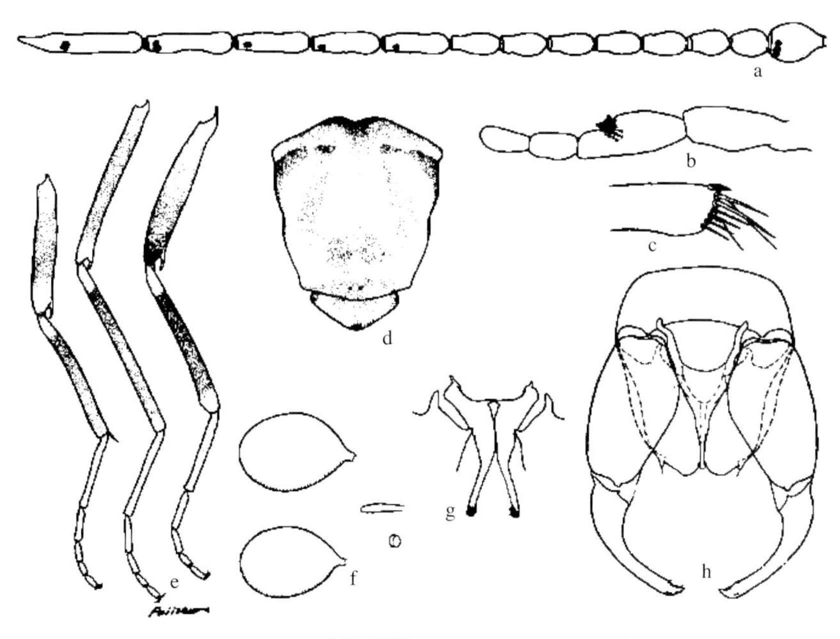

*C. peregrinus*鉴别特征（Wirth & Hubert，1989）

3.2.6 *C. spiculae*

中文名：暂无中文命名

鉴别特征：雌虫翅臀室浅色斑独立、不融合，臀室拐角处（a）全浅色。在R-M脉上面的中明斑穿越中1+2脉，中2室浅色斑延伸到端部（c）。头部两复眼相连，小眼面间无柔毛。触角鞭节各节相对比长为21∶17∶19∶19∶20∶19∶20∶20∶25∶28∶31∶34∶48，AR 1.07，触角嗅觉器见于第3，11～15节。触须5节的相对比长为10∶31∶32∶12∶14；第3节细长、稍中部粗大，感觉器分散在中部，无感觉器窝，PR3.9。唇基片鬃每侧2根，大颚齿16～21枚。后足胫节端鬃5～6根，第2根最长。腹部有受精囊2个，均发达，椭圆形，有颈。

介绍：国内首次报告。*C. spiculae*主要分布在普洱江城、西双版纳勐海，占比达10%。其他热带地区也有采集，但数量少，占比1%以下。

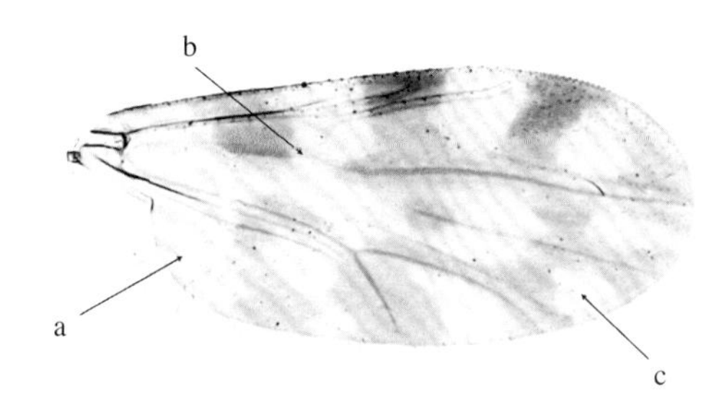

*C. spiculae*翅面花纹

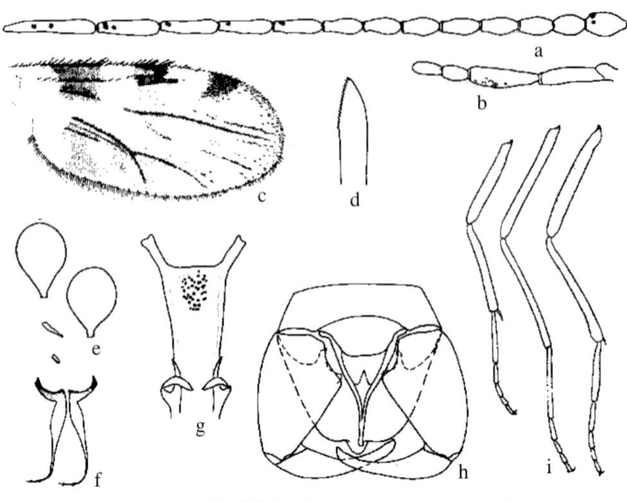

*C. spiculae*鉴别特征（Wirth & Hubert，1989）

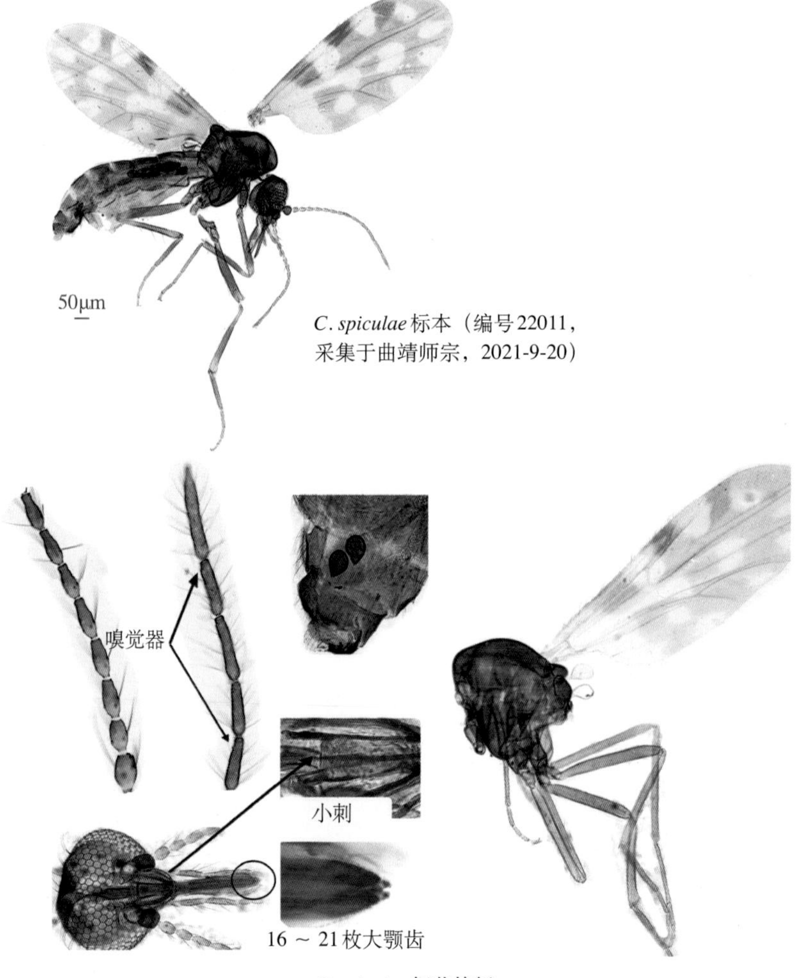

*C. spiculae*标本（编号22011，采集于曲靖师宗，2021-9-20）

*C. spiculae*细节特征

3.2.7 苏岛库蠓 *C. sumatrae*

中文名：苏岛库蠓

鉴别特征：雌虫翅面上除翅基淡斑外，有11个淡斑。头部两复眼相连，小眼面间无柔毛，有额缝及纵缝。触角鞭节各节相对比长为18∶14∶17∶17∶18∶18∶18∶18∶26∶24∶29∶32∶44，AR 1.12，触角嗅觉器见于第3，11～15节。触须5节的相对比长为4∶12∶15∶8∶7；第3节近基部2/3粗大，感觉器聚合于节端半部一感觉器窝，PR3.33。唇基片鬃每侧2根，大颚齿22枚，小颚齿26枚。后足胫节端鬃5根，第2根最长。腹部有受精囊2个，均发达，椭圆形，有颈，不等大（虞以新，2006）。

介绍：*C. sumatrae*是云南热带、亚热带地区最常见库蠓，在海拔1 500m以下地区都有分布，是热带地区（包括红河河口和红河、西双版纳勐海和勐腊）以及亚热带地区曲靖师宗的优势库蠓种群，比例超过20%。其他各地采集到的数量占比在1%～10%，典型分布地区为红河、西双版纳，曲靖师宗。

*C. sumatrae*标本（编号2204，采集于西双版纳景洪勐养，2021-6-10）

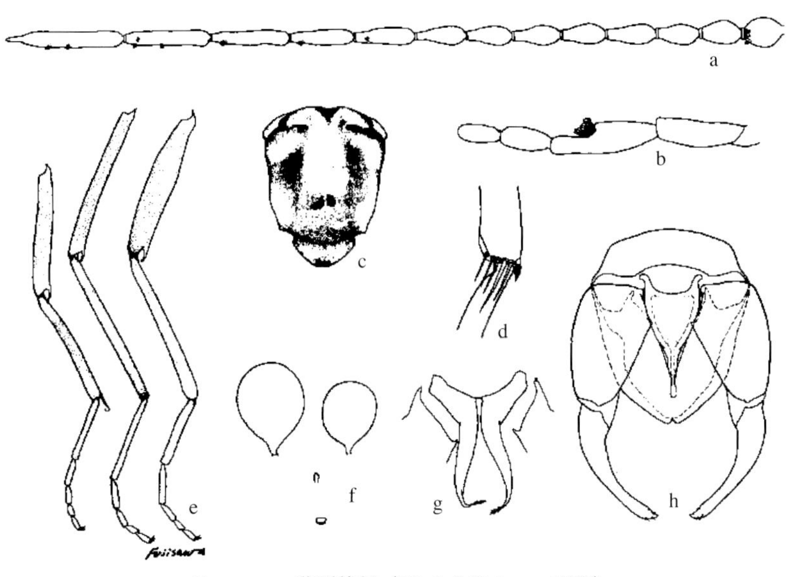

*C. sumatrae*鉴别特征（Wirth & Hubert，1989）

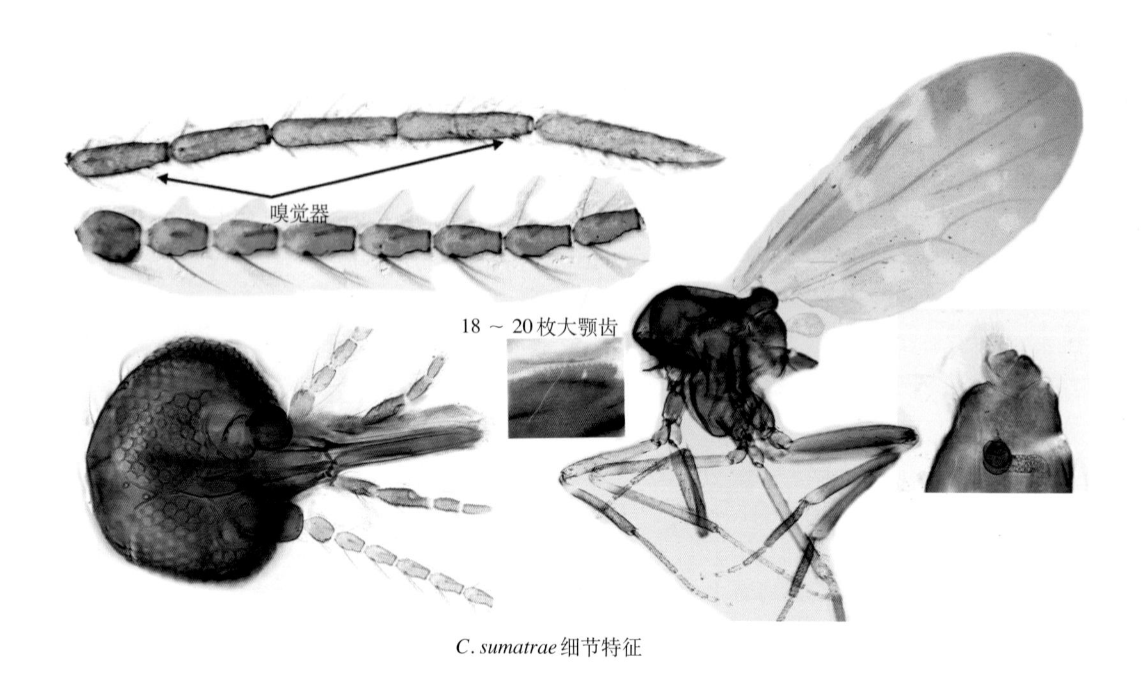

*C. sumatrae*细节特征

3.3 *Meijerehelea* 亚属

*Meijerehelea*亚属是按Wirth 和 Hubert（1989）的分类方法归类的一个亚属，主要以径2室全黑、径3室小圆白斑、1个大而近椭圆形的受精囊为特征。虞以新在《中国蠓科昆虫》中将*Meijerehelea*亚属的库蠓归为带纹亚属*Beltranmyia*。在此，以Wirth 和 Hubert（1989）的分类方法为准。在云南发现的*Meijerehelea*亚属库蠓有3种：*C. arakawai*、*C.* var. *arakawai*、*C. guttifer*（图3-3）。

荒川库蠓*C. arakawai*

荒川库蠓云南变种 *C.* var. *arakawai*

滴斑库蠓*C. guttifer*

图3-3　在云南发现的*Meijerehelea*亚属库蠓

3.3.1 荒川库蠓 *C. arakawai*

中文名：荒川库蠓

鉴别特征：雌虫翅面上淡、暗斑明显，淡斑多为小圆形淡斑，自翅前缘的径端淡斑至后缘的中4室，共有5个淡斑，排列为梯形。两复眼分离，小眼面间无柔毛，有额缝。触角鞭节各节相对比长为18：11：11：11：11：11：11：13：24：24：28：27：35，AR 1.42，触角嗅觉器见于第3～14节。触须5节的相对比长为5：15：13：5：6；第3节中部粗大，PR2.17，感觉器聚合于节近端大而浅的感觉器窝内。唇基片鬃每侧3根，大颚齿13枚。后足胫节端鬃4根，第1，2根等长。腹部有受精囊1个，发达，为延长的梨形（虞以新，2006）。

介绍：*C. arakawai*是云南最常见的库蠓之一，海拔2 000m以下区域都有发现。*C. arakawai*偏好鸟类，为养禽场所的优势种群，在养禽场占比80%以上，在其他动物的养殖场占比较低。*C. arakawai*需要动物粪便来进行繁殖，在牛、羊养殖场采集到的*C. arakawai*中，雄性库蠓的比例达50%左右。

*C. arakawai*标本（编号22017，采集于曲靖师宗，2021-9-20）

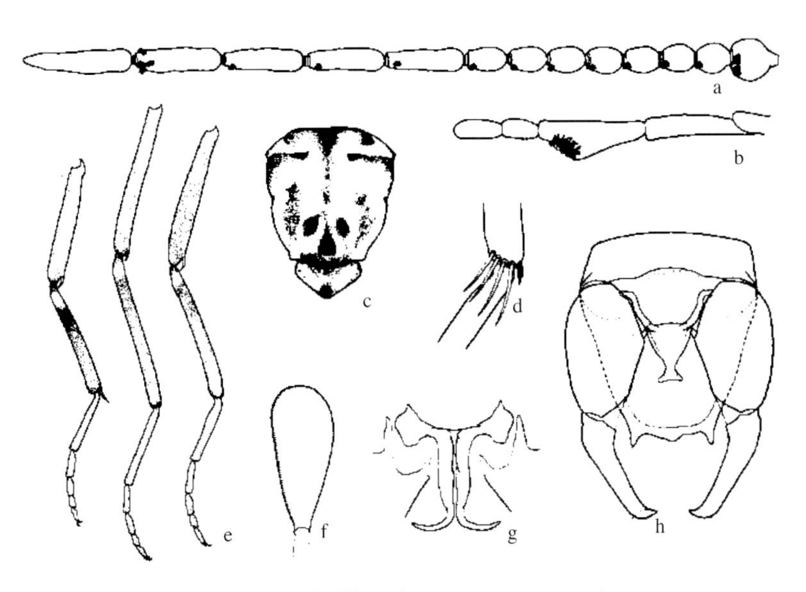

*C. arakawai*鉴别特征（Wirth & Hubert，1989）

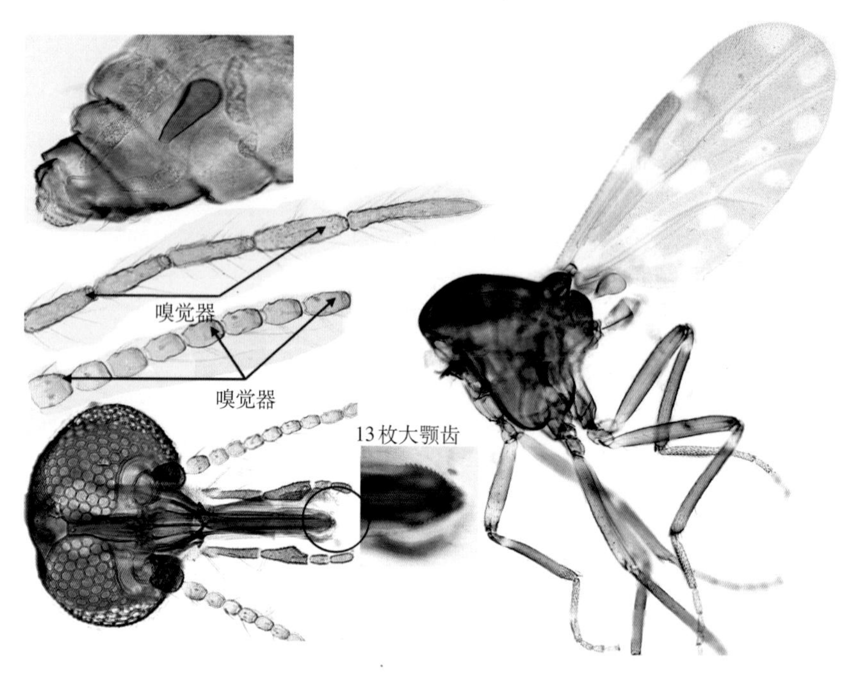

*C. arakawai*细节特征

3.3.2 荒川库蠓云南变种*C.* var. *arakawai*

中文名：荒川库蠓云南变种

鉴别特征：与*C. arakawai*的区别在于其翅径2室下面有1个小白斑(a)，白斑边缘没有接触到中1脉。

介绍：*C.* var. *arakawai*通常在*C. arakawai*种群中发现，可能是*C. arakawai*变异品种。

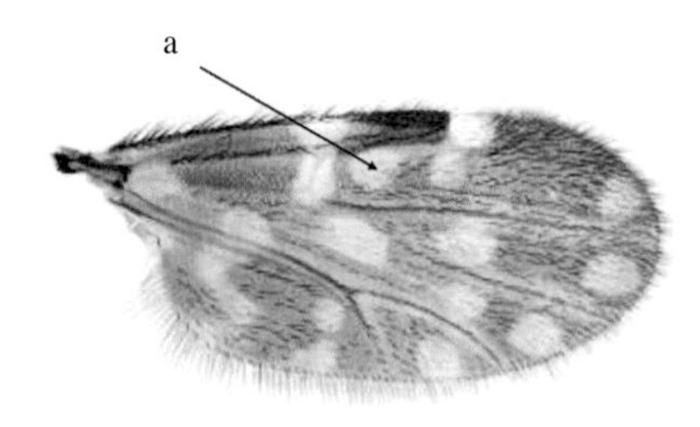

C. var. *arakawai*翅面花纹

C. var. *arakawai*标本（编号22013，采集于曲靖师宗，2021-9-20）

3.3.3 滴斑库蠓*C. guttifer*

中文名：滴斑库蠓

鉴别特征：雌虫翅面上有淡、暗斑，淡斑多为近圆形淡斑，径5室除径端淡斑外，有3个淡斑。两复眼分离，小眼面间无柔毛，有额缝。触角鞭节各节相对比长为18∶11∶11∶12∶12∶12∶12∶12∶22∶22∶24∶28∶34，AR 1.30，触角嗅觉器见于第3～7，11～14节。触须5节的相对比长为11∶23∶25∶10∶12；第3节中部粗大，PR2.27，有一大的感觉器窝。大颚齿13枚，小颚齿15枚。后足胫节端鬃4根，第1根最长。腹部有受精囊1个，发达，长卵形，有颈，具有透明的刻点（虞以新，2006）。

介绍：*C. guttifer* 通常伴随*C. arakawai*存在，也是偏好鸟类的吸血库蠓。主要分布在热带地区，占比1%以下，发现地点为西双版纳景洪、普洱江城、红河元阳。

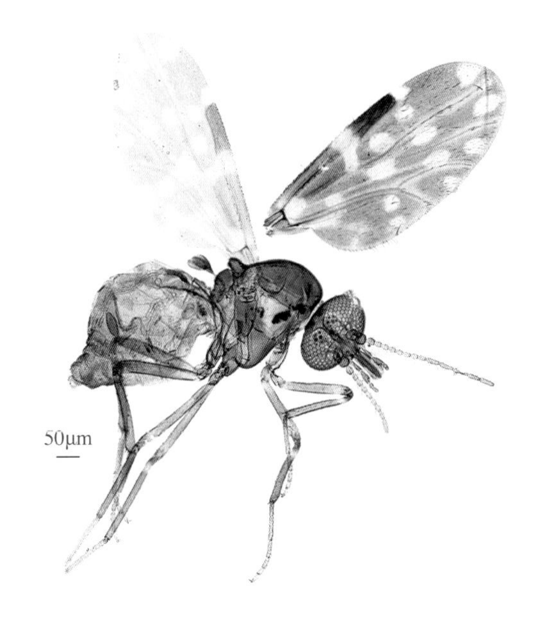

*C. guttifer*标本（编号22058，采集于红河县，2022-8-20）

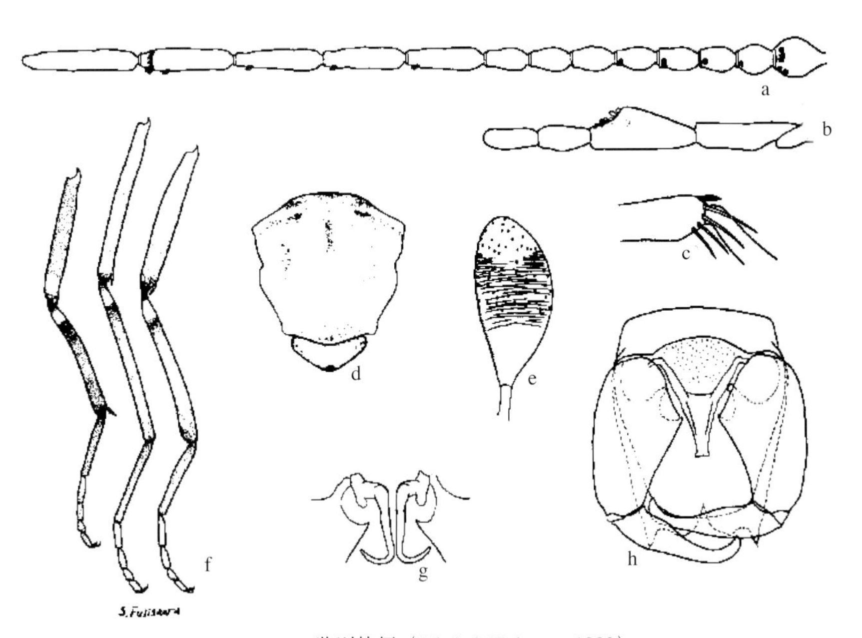

*C. guttifer*鉴别特征（Wirth & Hubert，1989）

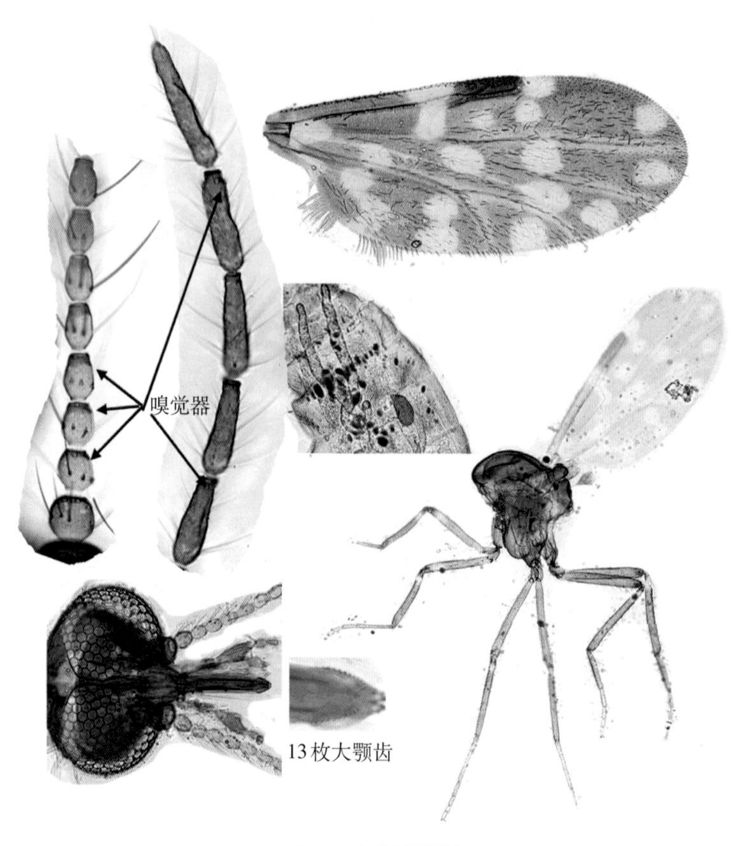

C. guttifer 细节特征

3.4 库蠓亚属 *Culicoides*

库蠓亚属主要特征是中4室中部有一个被浅色包围的独立黑斑。在云南发现的库蠓亚属库蠓见图3-4。

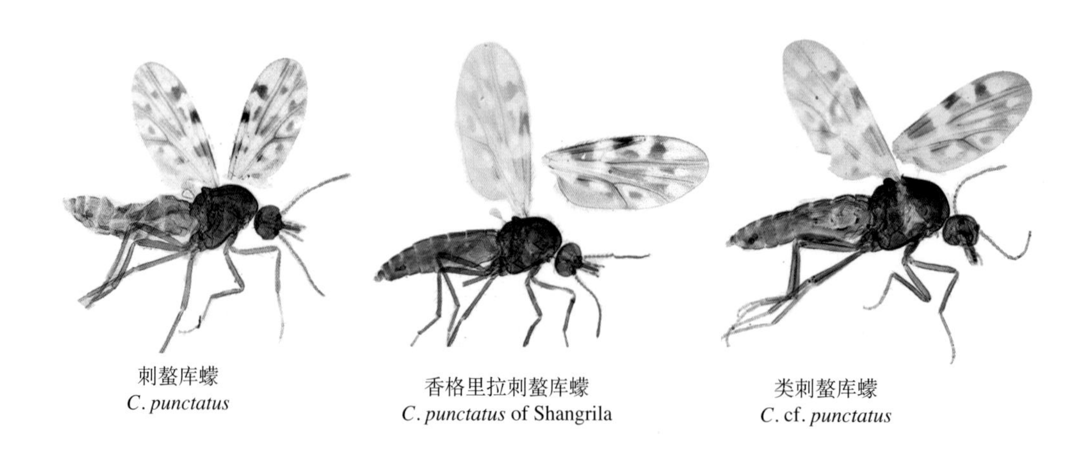

刺螯库蠓 *C. punctatus*　　香格里拉刺螯库蠓 *C. punctatus* of Shangrila　　类刺螯库蠓 *C.* cf. *punctatus*

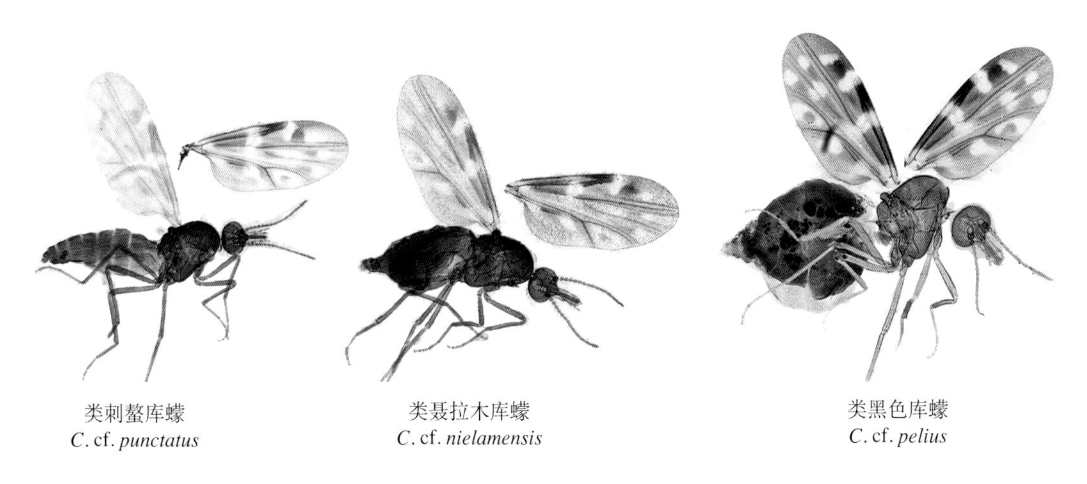

图3-4 在云南发现的库蠓亚属库蠓

3.4.1 刺螯库蠓 *C. punctatus*

中文名：刺螯库蠓

鉴别特征：雌虫翅淡、暗斑明显，径2室端部2/3淡色，中1、中2脉端部各1个小淡斑，中4室中部有1个暗斑。两复眼相连，小眼面间无柔毛，有额缝。触角鞭节各节相对比长为11∶8∶8∶8∶8∶8∶8∶8∶13∶14∶14∶14∶22，AR 1.15，触角嗅觉器见于第3，11～15节。触须5节的相对比长为11∶37∶35∶14∶16；第3节中部粗大，无感觉器窝，感觉器分布于节中稍后，PR2.83。唇基片鬃每侧3～4根。大颚齿16（14～19）枚，小颚齿17（15～19）枚。腹部有2个发达受精囊（虞以新，2006）。

*C. punctatus*标本（编号22028，采集于保山腾冲，2022-9-5）

介绍：*C. punctatus*为喜冷库蠓，热带地区无。在海拔1 000m以上地区都有分布，在迪庆香格里拉海拔3 000m以上地区也能够采集到，冬天占比相对高，夏天占比较低。在保山腾冲、曲靖沾益、楚雄禄丰冬季采集到的*C. punctatus*占比达10%～20%。

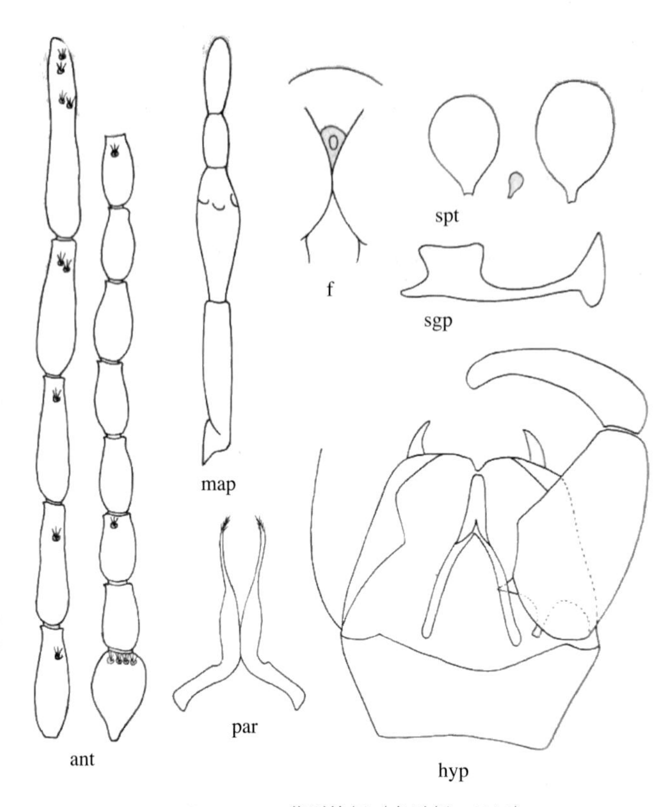

C. punctatus 鉴别特征（虞以新，2006）

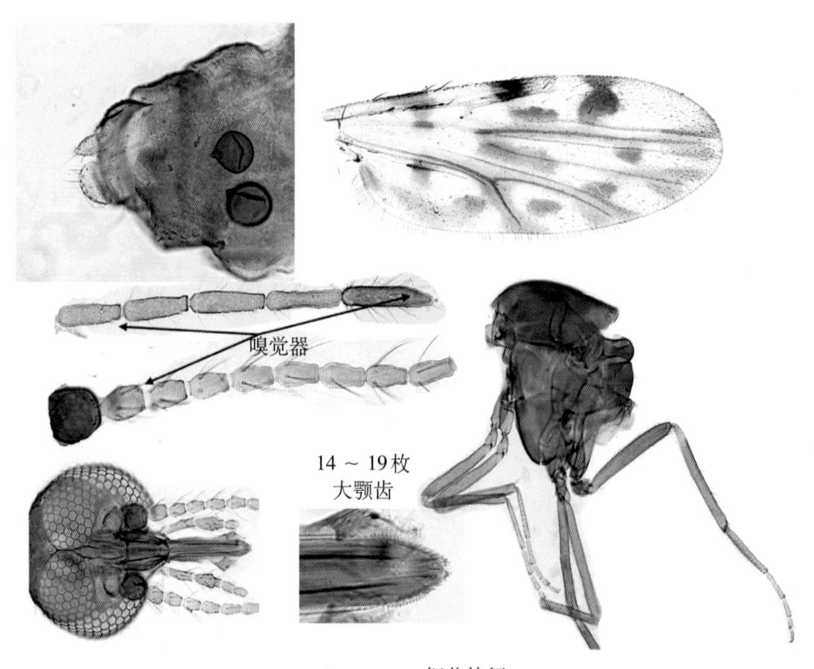

C. punctatus 细节特征

3.4.2 刺螯库蠓香格里拉类型 *C. punctatus* of Shangrila

中文名：刺螯库蠓香格里拉类型

鉴别特征：大部分特征同*C. punctatus*，不同之处在于其臀室转弯部没有白斑。

介绍：*C. punctatus* of Shangrila在迪庆香格里拉海拔3 000m以上地区有采集到，可能是*C. punctatus*适应高海拔的不显著变种，未形成新的种群。

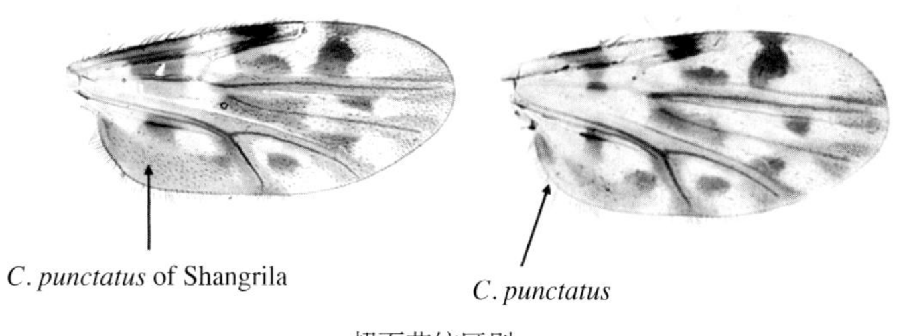

翅面花纹区别

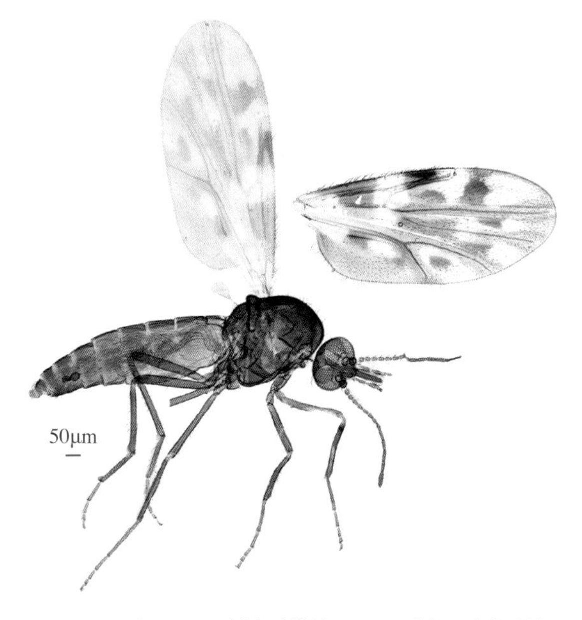

C. punctatus of Shangrila标本（编号22063，采集于迪庆香格里拉小中甸，2022-8-8）

3.4.3 类刺螯库蠓 *C.* cf. *punctatus*

中文名：无中文命名，暂时命名为类刺螯库蠓

鉴别特征：大部分同*C. punctatus*，触角嗅觉器见于第3，11 ~ 15节。触须第3节中部粗大，无感觉器窝，感觉器分布于节中稍后，PR2.5。眼部相连，小眼面间无柔毛。径3室的白斑不到边缘。

介绍：*C.* cf. *punctatus*分布区与*C. punctatus*相同，但占比低于1%。主要发现地点为迪庆香格里拉、曲靖师宗和沾益。

C. cf. *punctatus*　　*C. punctatus*

翅面花纹区别

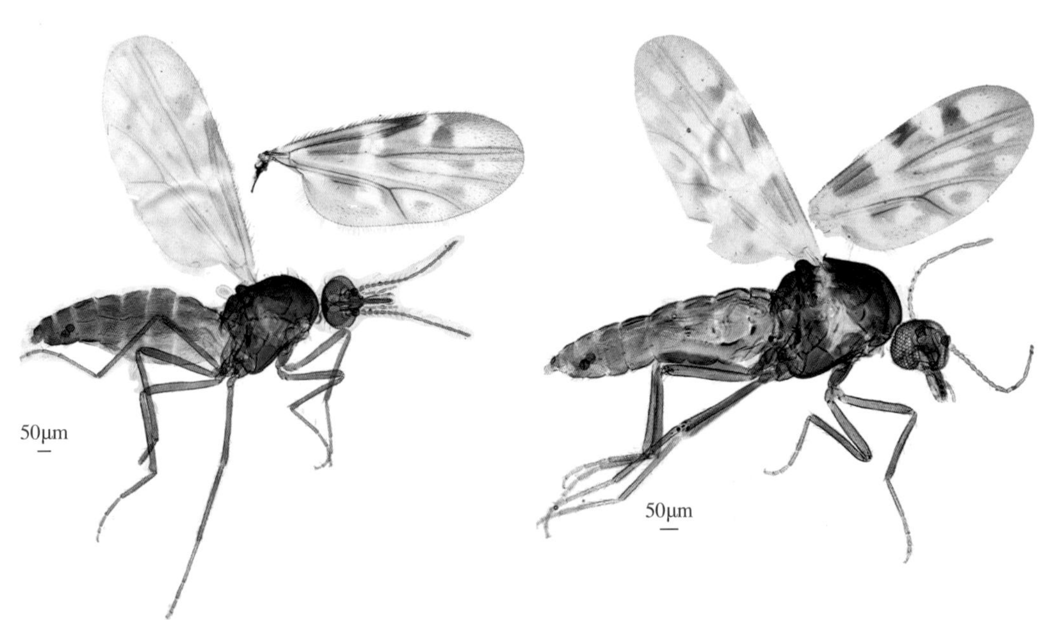

C. cf. *punctatus*标本（编号22064，采集于迪庆香格里拉小中甸，2022-8-8）

C. cf. *punctatus*标本（编号22014，采集于曲靖师宗五龙，2021-10-5）

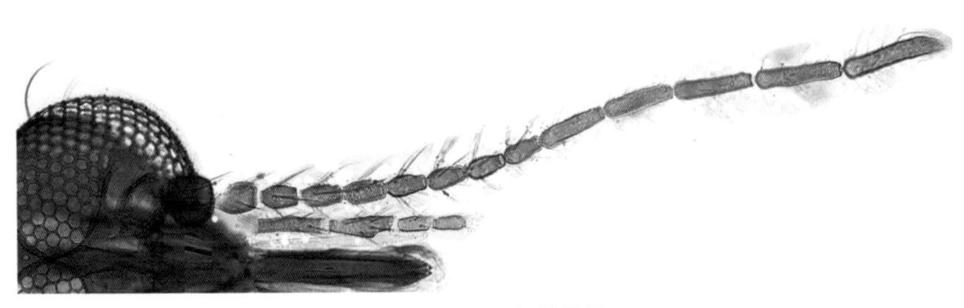

C. cf. *punctatus*细节特征

3.4.4 类聂拉木库蠓*C.* cf. *nielamensis*

中文名：类聂拉木库蠓

鉴别特征：*C. nielamensis*雌虫翅面上有10个淡斑，中4室中部有1个独立暗斑。两复眼相连，小眼面间无柔毛。触角鞭节各节相对比长为21：13：14：14：14：14：14：14：17：19：23：26：39，AR 1.05，触角嗅觉器见于第3，11～15节。触须5节的相对比长为10：35：29：11：12；第3节中部粗大，有感觉器窝，PR2.42。唇基片鬃每侧3根。大颚齿15（13～15）枚，小颚齿13枚。腹部有2个发达受精囊，有颈，略不等大。（虞以新，2006）。*C.* cf. *nielamensis*翅面花纹与*C. nielamensis*的主要区别在于R-M交叉处淡斑不到边缘，翅基部淡斑较短。

介绍：*C.* cf. *nielamensis*为高海拔库蠓，在迪庆香格里拉海拔3 000m以上地区有分布，为优势库蠓种群。

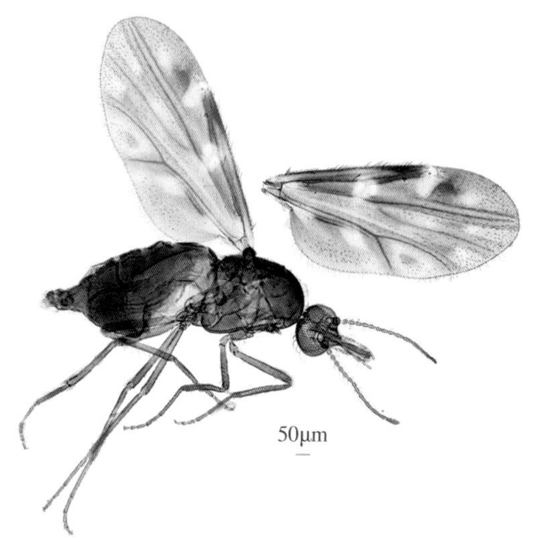

C. cf. *nielamensis*标本（编号22066，采集于迪庆香格里拉小中甸，2022-9-5）

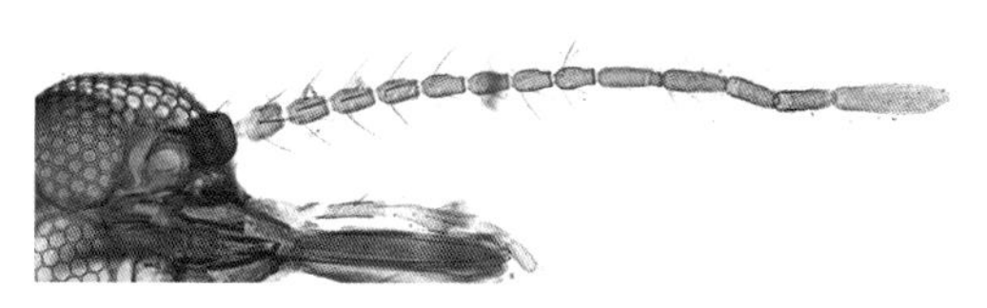
C. cf. *nielamensis*细节特征

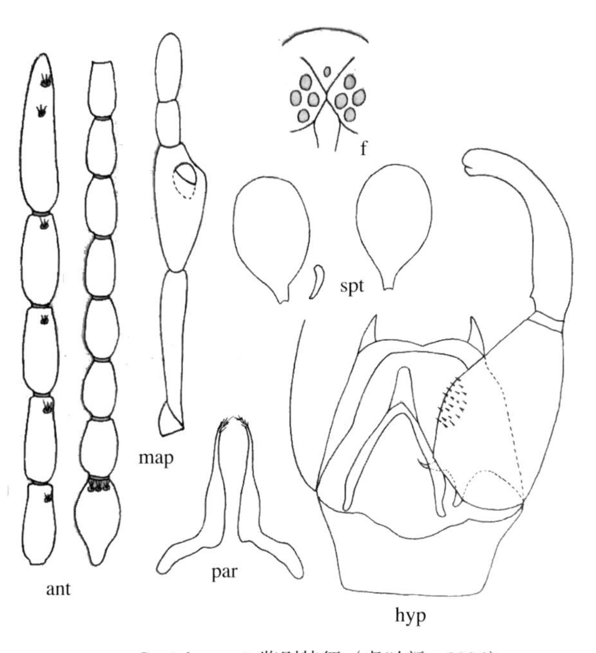

*C. nielamensis*鉴别特征（虞以新，2006）

3.4.5 类黑色库蠓 *C*. cf. *pelius*

中文名：无中文命名，暂时命名为类黑色库蠓

鉴别特征：触角嗅觉器见于第3，11～15节。触须第3节中部粗大，中部有感觉器窝，*C. pelius*的PR为2.45，*C*. cf. *pelius*的PR为2.0。眼部相连，小眼面间无柔毛。翅径3室淡斑短小，黑色部分占比多于淡色部分。腹部有2个发达受精囊，有颈，略不等大。

介绍：在保山腾冲采集到，但数量稀少。

C. cf. *pelius*标本（编号22055，采集于保山腾冲，2022-8-5）

3.5 单囊亚属 *Monoculicoides*

单囊亚属是单受精囊的大型库蠓，特征是单受精囊、翅径2室全黑。在云南发现的单囊亚属只有1种，*C. homotomus*。

原野库蠓 *C. homotomus*

中文名：原野库蠓

鉴别特征：雌虫翅面上淡、暗斑明显，中4室独立黑斑被C型白斑包围。两复眼分离，小眼面间无柔毛，有额缝。触角鞭节各节相对比长为11∶8∶8∶8∶8∶8∶8∶9∶10∶10∶10∶16，AR 0.81，触角嗅觉器见于第3，8～10节。触须5节的相对比长为5:15:19:6:11；第3节近端部1/3粗大，有一椭圆形感觉器窝，PR3.45。唇基片鬃每侧4根，大颚齿12～14枚。后足胫节端鬃5根，第2根长。腹部有1个延长的大型受精囊，其表面有明显骨化的点状白斑，颈导管略直（虞以新，2006）。

介绍：*C. homotomus*为大型库蠓，在云南的数量稀少，在曲靖师宗、西双版纳景洪、普洱孟连采集到少数几只。

*C. homotomus*标本（编号22016，采集于西双版纳景洪，2021-6-5）

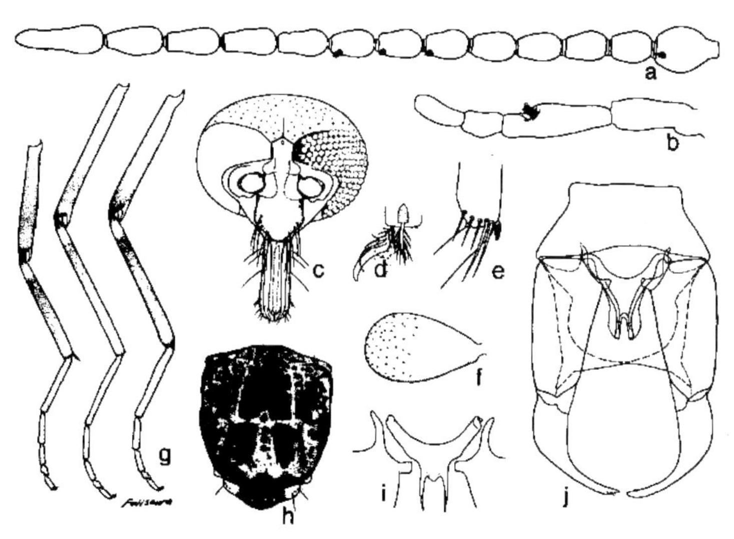

*C. homotomus*鉴别特征（Wirth & Hubert，1989）

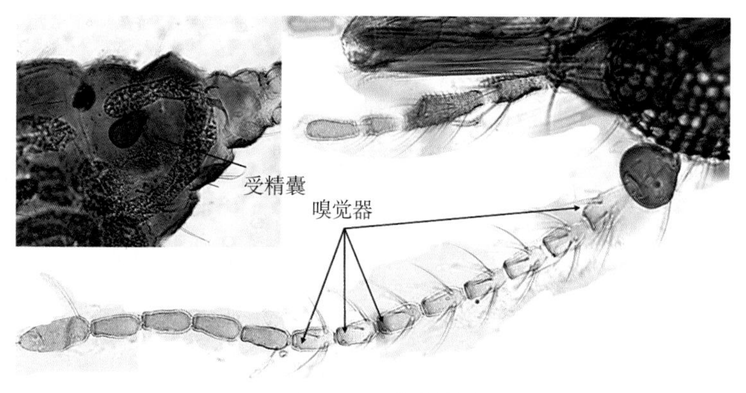

*C. homotomus*细节特征

3.6 肖特库蠓种群 *Shortti* group

肖特库蠓种群的特点是径2室全黑，径3室和中1室有2个淡斑。在云南发现的肖特库蠓种群库蠓有2种，1种为已知的*C. shortti*，1种可能是新种——*C.* var. *shortti*。

3.6.1 肖特库蠓 *C. shortti*

中文名：肖特库蠓

鉴别特征：雌虫翅面上淡斑多而且明显。两复眼分离，小眼面间无柔毛，有额缝。触角鞭节各节相对比长为14：10：10：10：11：11：11：11：14：14：16：18：29，AR 1.03，嗅觉器见于触角第3，7～10节。触须5节的相对比长为8：18：21：10：11；第3节中部粗大，感觉器位于节中部感觉器窝，PR2.33。唇基片鬃每侧3根，大颚齿14枚。后足胫节端鬃5根，第2根最长。腹部有2个发达受精囊，卵圆形，有颈，有一杆状的退化囊（虞以新，2006）。

介绍：*C. shortti* 在云南的热带地区有少量分布，在西双版纳勐海、德宏瑞丽、红河县采集到少量样品。

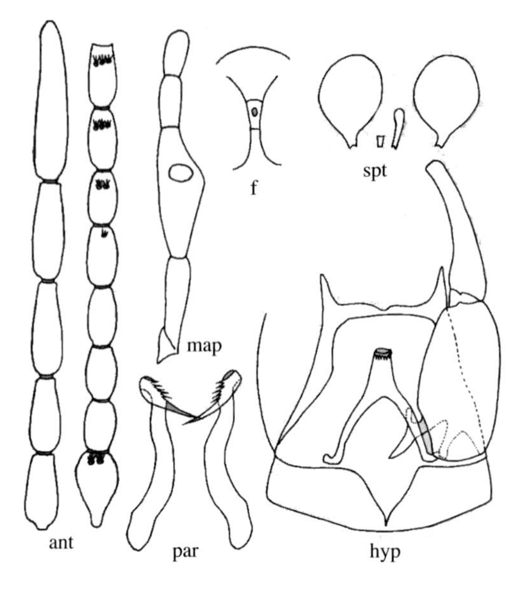

C. shortti 鉴别特征（虞以新，2006）

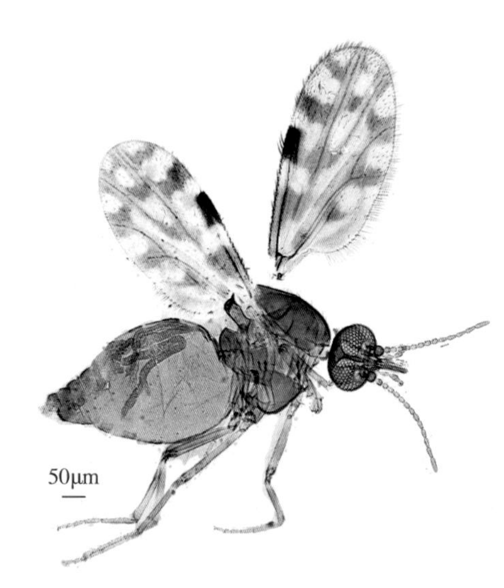

C. shortti 标本（编号22022，采集于德宏瑞丽，2022-9-5）

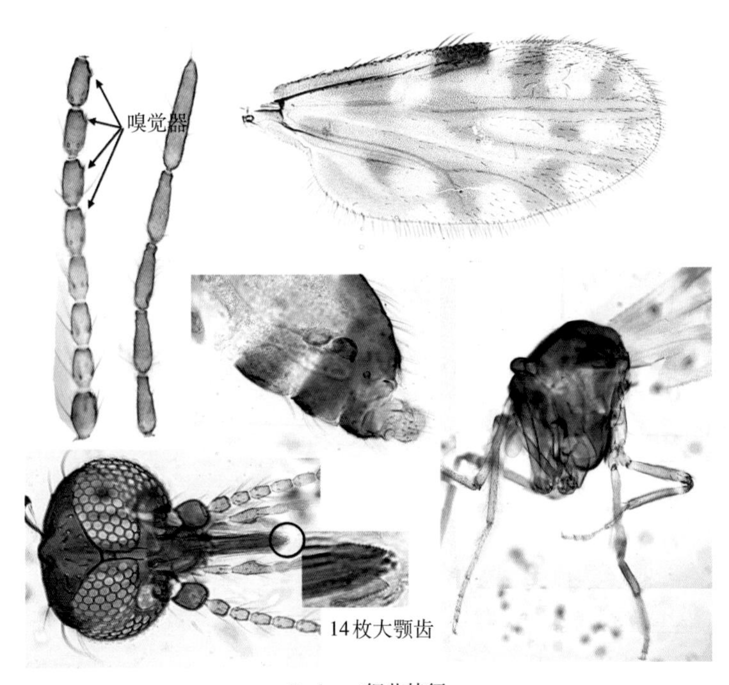

C. shortti 细节特征

3.6.2 肖特库蠓不显著变异种 *C*. var. *shortti*

中文名：肖特库蠓不显著变异种

鉴别特征：嗅觉器见于触角第3,8 ~ 10节，第7节未见嗅觉器，在径3室的2个淡斑有明显的融合（a），其他特征同*C. shortti*。

介绍：*C*. var. *shortti*在德宏瑞丽采集到，数量稀少。

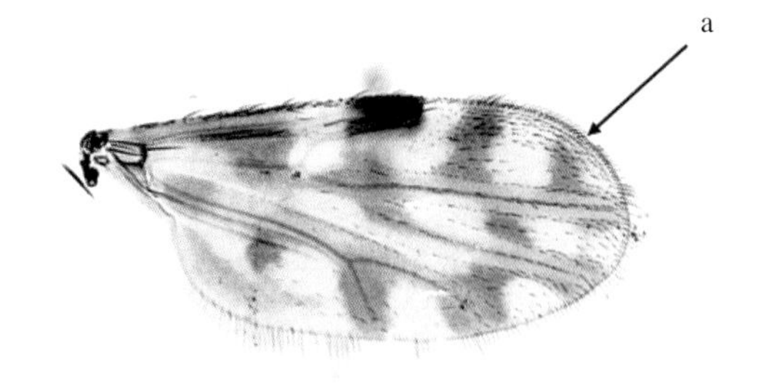

C. var. *shortti* 翅面花纹

C. var. *shortti* 标本（编号22023，采集于德宏瑞丽，2022-9-5）

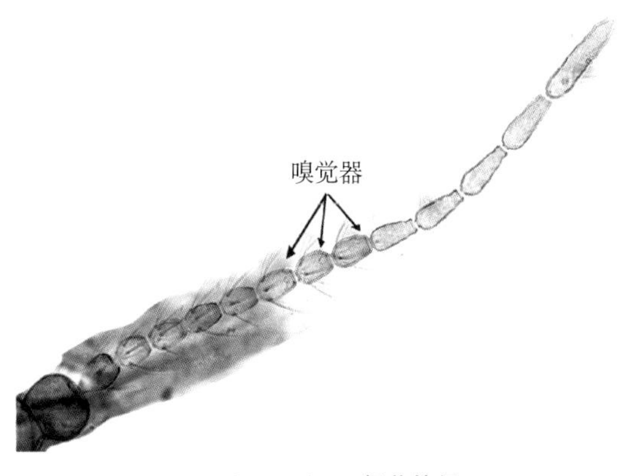

C. var. *shortti* 细节特征

3.7 *Remmia* 亚属

Remmia 亚属的特点是径端明斑和翅端明斑之间有1个明显的独立淡斑。在云南发现的*Remmia* 亚属库蠓只有1种，*C. oxystoma*。

尖喙库蠓 *C. oxystoma*

中文名：尖喙库蠓

鉴别特征：雌虫翅面上淡、暗斑明显。径5室除端部淡斑外共有3个淡斑，位于中部的淡斑互相连接。两复眼分离，小眼面间无柔毛，有额缝。触角鞭节各节相对比长为14：10：10：10：10：10：11：12：15：15：15：17：27，AR 1.02，触角嗅觉器见于第3，8～10节。触须5节的相对比长为8：19：17：9：9；第3节中部粗大，感觉器位于小而浅的感觉器窝内，PR2.00。唇基片鬃每侧2～3根，大颚齿12枚。后足胫节端鬃4根。腹部有2个发达受精囊，卵圆形（虞以新，2006）。

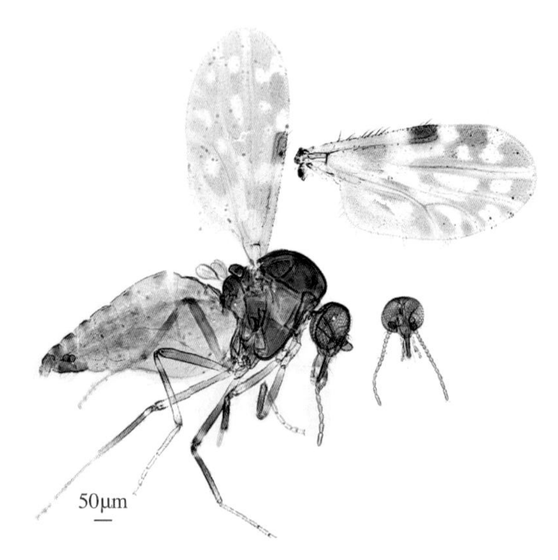

*C. oxystoma*标本（编号2203，采集于西双版纳景洪勐养，2022-6-5）

介绍：*C. oxystoma*是热带地区常见库蠓，在海拔1 000m以下地区全年都有发现。在正常养殖场中，*C. oxystoma*占比

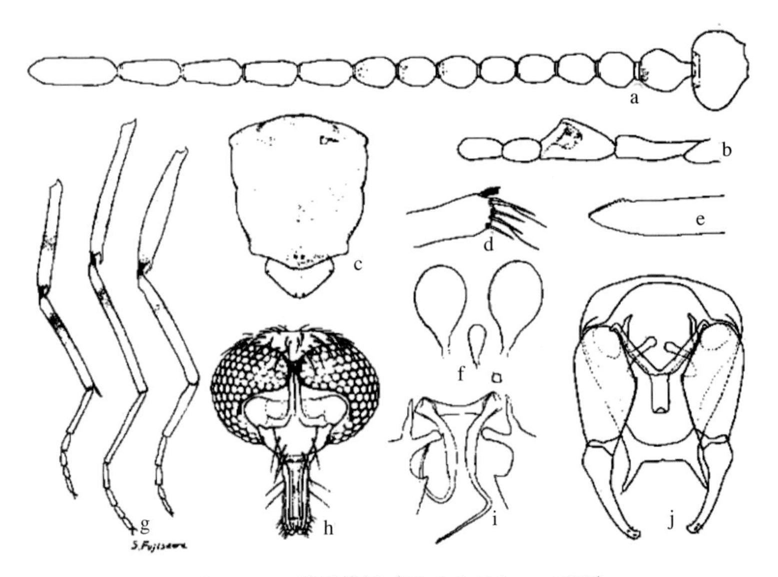

*C. oxystoma*鉴别特征（Wirth & Hubert，1989）

在10%左右，在海拔1 000 ~ 2 000m地区夏天7—8月有少量分布。由于*C. oxystoma*喜欢潮湿环境，在潮湿的养殖环境中*C. oxystoma* 数量会暴发性增长。在有的养殖场，*C. oxystoma*占比可以达90%以上。*C. oxystoma*会传播蓝舌病等虫媒病毒，但证据并不充分。另外，*C. oxystoma*会吸食人血，对人类的公共卫生有危害。

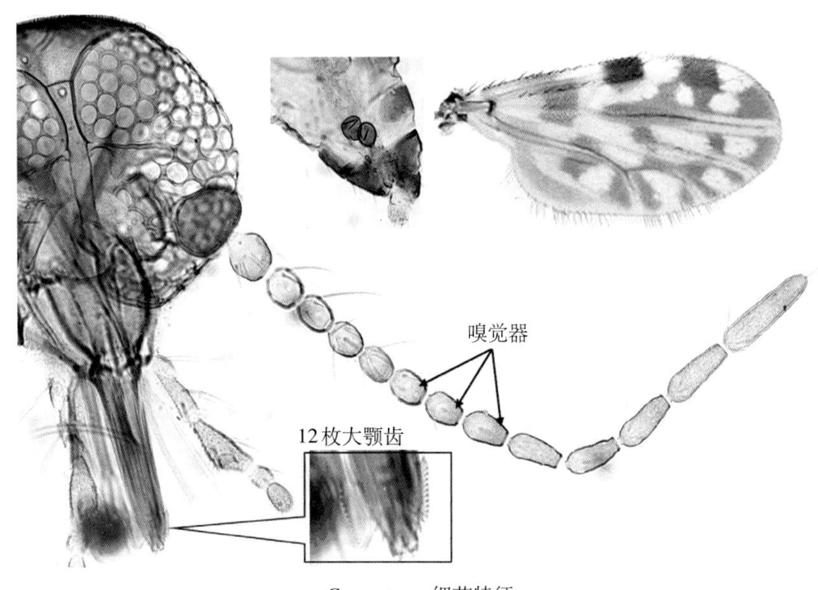

*C. oxystoma*细节特征

3.8 棒须库蠓种群 *Clavipalpis* group

棒须库蠓种群库蠓的典型特征是复眼分离，小眼面间无柔毛，径2室全黑，M-C交叉上方有白斑。在云南发现的棒须库蠓种群库蠓有*C. huffi*、*C. clavipalpis*、*C. morisitai*。

3.8.1 霍飞库蠓 *C. huffi*

中文名：霍飞库蠓

鉴别特征：雌虫两复眼分离，其间距小于1个小眼面的距离，小眼面间无柔毛，有额缝。触角鞭节各节相对比长为13∶8∶9∶9∶9∶10∶10∶11∶20∶19∶20∶22∶31，AR 1.42，触角嗅觉器见于第3，5，7 ~ 10节。触须5节的相对比长为10∶20∶28∶10∶10；PR1.90，触须第3节明显粗大，有大而浅的感觉器窝。大颚齿12枚，小颚齿11枚。后足胫节端鬃4根，第1根最长。腹部有2个发达受精囊，椭圆形，有较长的颈，有退化的棒状小囊（虞以新,2006）。在云南采集到的*C. huffi*翅膀和标准*C. huffi*无区别，但嗅觉器见于触角第3，7 ~ 10节，第5节未见嗅觉器；另外触须第3节较短，PR明显小于1.5；大颚齿只有10枚。采集到的*C. huffi*可能为云南变异种。

介绍：*C. huffi*在红河元阳、普洱江城、曲靖师宗，西双版纳景洪勐养有采集到，数量占比<1%。

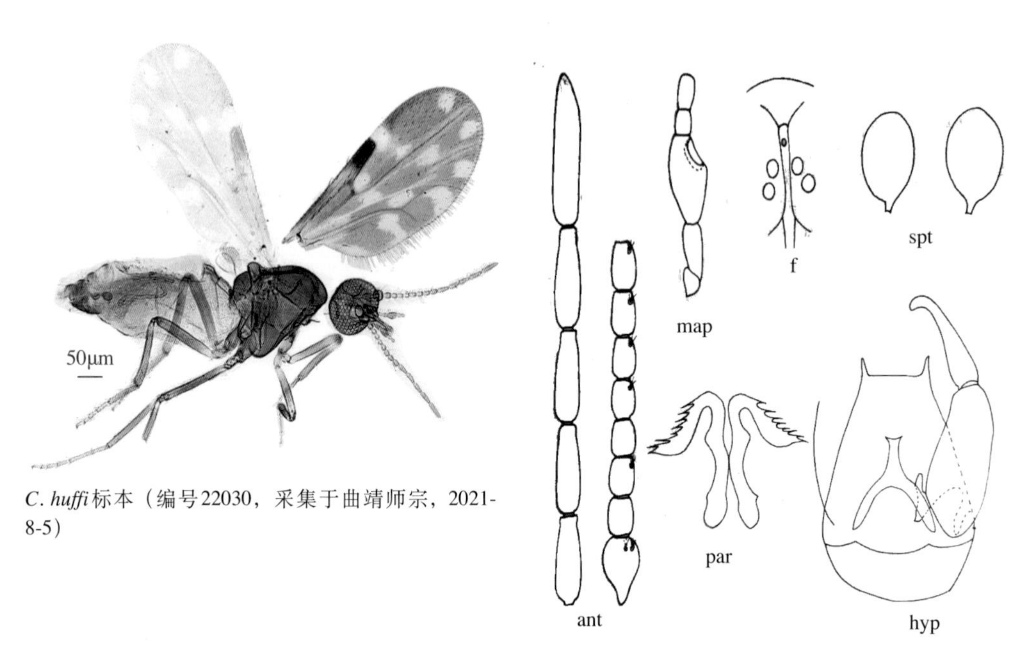

*C. huffi*标本（编号22030，采集于曲靖师宗，2021-8-5）

*C. huffi*鉴别特征（虞以新，2006）

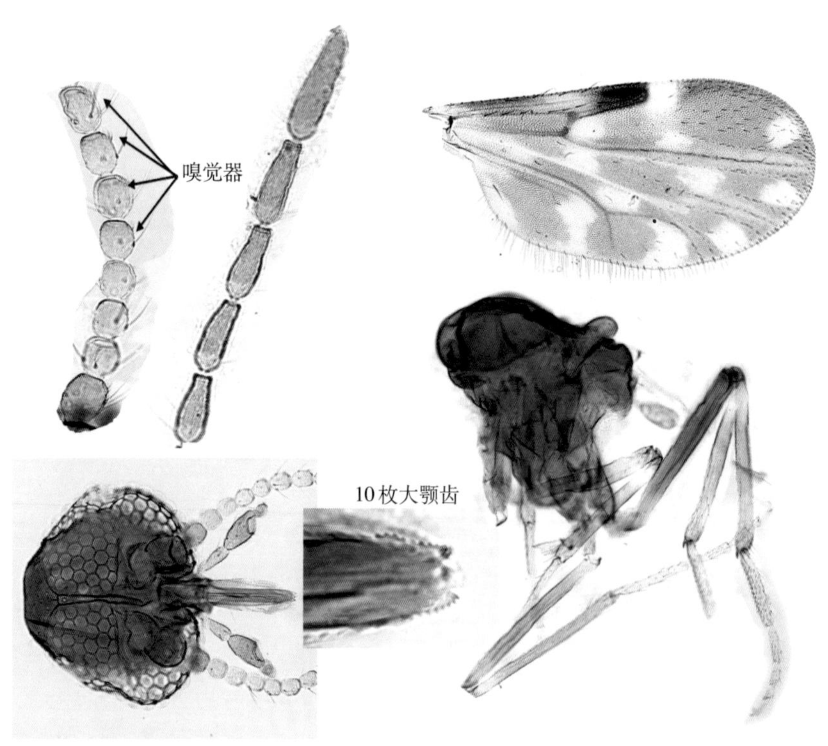

在云南采集到的*C. huffi*细节特征

3.8.2 棒须库蠓 *C. clavipalpis*

中文名：棒须库蠓

鉴别特征：蠛虫翅径中淡斑位于径中横脉外侧，呈V形。两复眼分离，小眼面间无柔毛。触角鞭节各节相对比长为15∶10∶10∶11∶11∶12∶12∶14∶22∶22∶21∶21∶30，AR 1.22，触角嗅觉器见于第3，8～10节。触须5节的相对比长为6∶15∶18∶5∶6；PR1.86，触须第3节明显粗大，有大而深的圆形感觉器窝。唇基片鬃每侧4根，大颚齿10枚，小颚齿14枚。后足胫节端鬃4根，第1根长。腹部有2个发达受精囊，近球形，有颈，有退化的棒状小囊（虞以新，2006）。

介绍：*C. clavipalpis*在红河元阳有发现，数量较少。

*C. clavipalpis*翅面花纹（标本编号ADB6250 YNP8-H8，采集于红河元阳，2019-8-5）

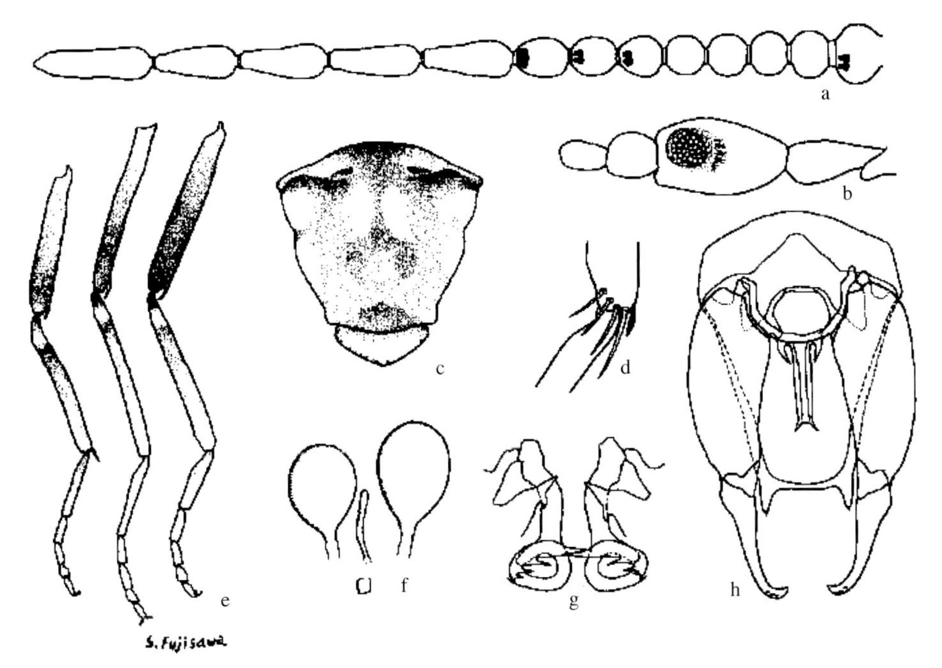

*C. clavipalpis*鉴别特征（Wirth & Hubert，1989）

3.8.3 北京库蠓 *C. morisitai*

中文名：北京库蠓

鉴别特征：雌虫触角鞭节各节相对比长为18：10：10：10：10：12：12：12：22：22：22：26：34，AR 1.34，触角嗅觉器见于第3，7，9～15节。触须5节的相对比长为7：17：21：9：10，PR1.91；触须第3节明显粗大，有大而浅的感觉器窝。唇基片鬃每侧3根。大颚齿10枚。后足胫节端鬃4根，第1根最长。腹部有2个发达受精囊，不等大，有颈（虞以新，2006）。

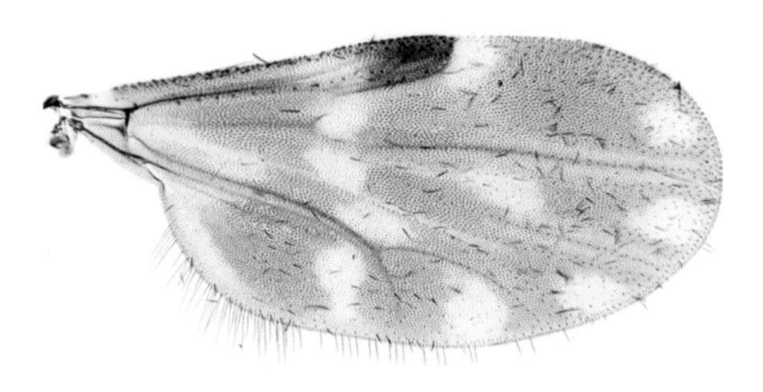

*C. morisitai*翅面花纹（标本编号ABA7593 YN3-C11，采集于楚雄禄丰）

介绍：*C. morisitai*比较稀少，只在楚雄禄丰采集到几个标本。

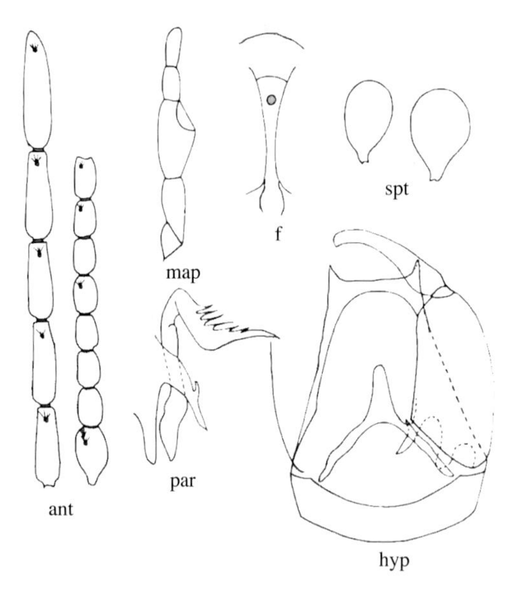

*C. morisitai*鉴别特征（虞以新，2006）

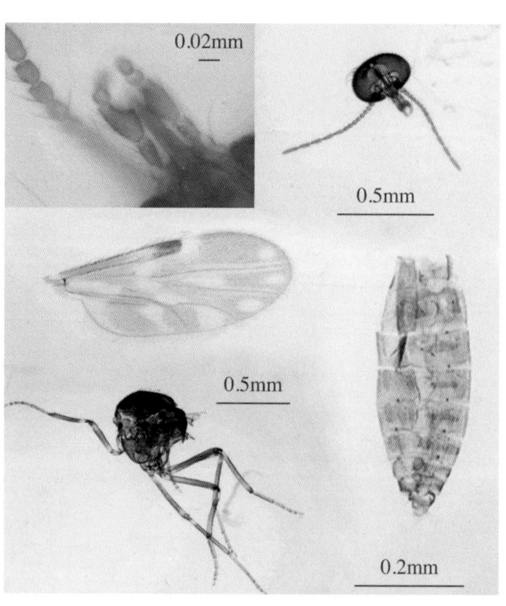

*C. morisitai*细节特征

3.9 居室亚属 *Oecacta*

居室亚属库蠓的典型特征是复眼分离，小眼面间无柔毛，触须第3节有感觉器窝；受精囊2个，发达。在云南发现的居室亚属库蠓有3种。

3.9.1 类缘斑库蠓 *C.* cf. *marginus*

中文名：类缘斑库蠓

鉴别特征：*C. marginus*蠛虫两复眼分离，小眼面间无柔毛，有额缝。触角鞭节各节相对比长为18：12：12：14：14：14：14：15：22：22：22：22：32，AR 1.06，触角嗅觉器见于第3，13～15节。触须5节的相对比长为8：22：18：8：8；第3节明显粗大，有大而浅的感觉器窝，PR2.25。唇基片鬃每侧3根。大颚齿14枚，小颚齿15枚。后足胫节端鬃4根，第2根长。腹部有2个等大发达受精囊（虞以新，2006）。在云南发现的*C.* cf. *marginus*翅和*C. marginus*没有区别，但嗅觉器见于触角第3，12～15节，可能为云南变异种。

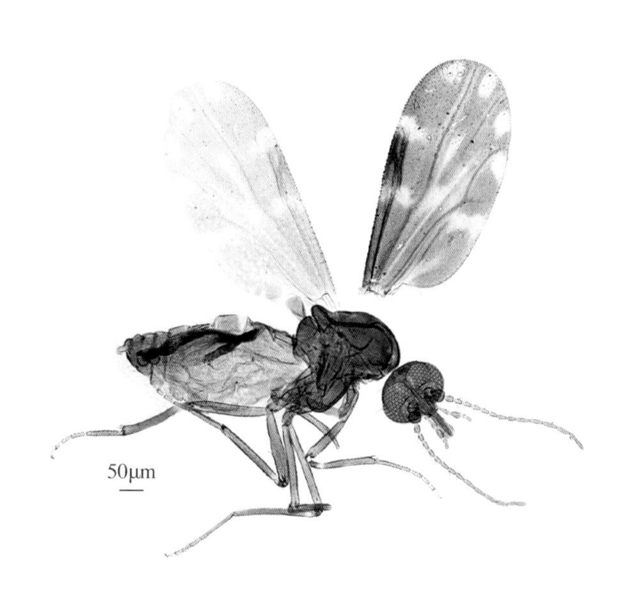

C. cf. *marginus*标本（编号22055，采集于保山腾冲，2022-8-5）

介绍：*C.* cf. *marginus*比较稀少，在保山腾冲和西双版纳勐腊采集到几个标本。

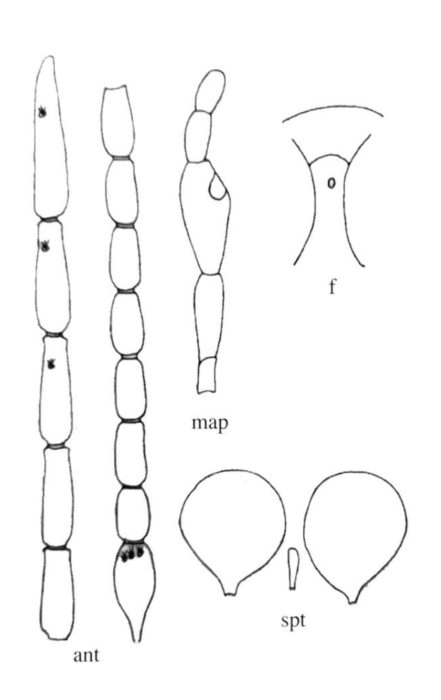

*C. marginus*鉴别特征（虞以新，2006）

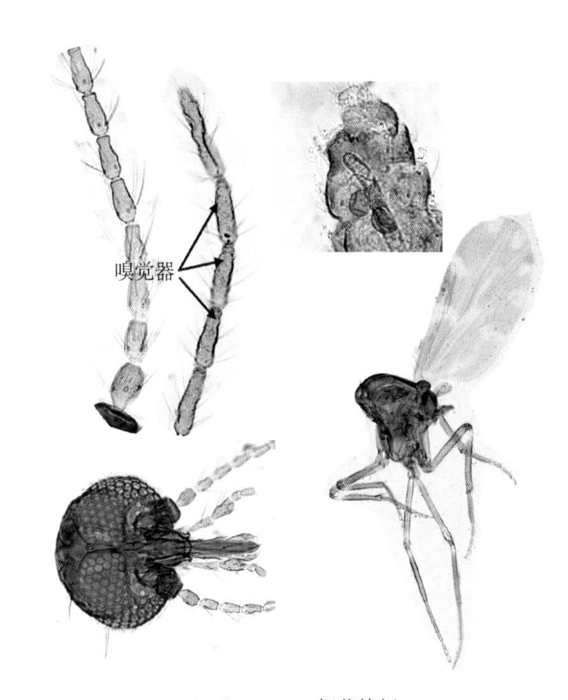

C. cf. *marginus*细节特征

3.9.2 类新平库蠓 *C.* cf. *xinpingensis*

中文名：类新平库蠓

鉴别特征：*C. xinpingensis*雌虫翅面除翅基淡斑外，有2个圆形淡斑，其中径中淡斑不抵翅前缘。两复眼分离，小眼面间无柔毛，有额缝。触角鞭节各节相对比长为18∶11∶12∶12∶12∶12∶12∶13∶24∶25∶25∶27∶39，AR 1.37，触角嗅觉器见于第3～14节。触须5节的相对比长为8∶27∶37∶14∶13，第3节明显粗大，感觉器聚合于节端半部一大而浅的感觉器窝，PR2.47。唇基片鬃每侧2根。大颚齿18枚。后足胫节端鬃4根，第2根最长。腹部有2个发达受精囊，椭圆形，有颈（虞以新,2006）。*C.* cf. *xinpingensis*和*C. xinpingensis*大部分相同，不同之处在于触须第3节较长，PR>3；大颚齿15；嗅觉器见于触角第3～15节。

介绍：*C.* cf. *xinpingensis*耐高海拔、耐低温，数量稀少，在迪庆香格里拉采集到标本。

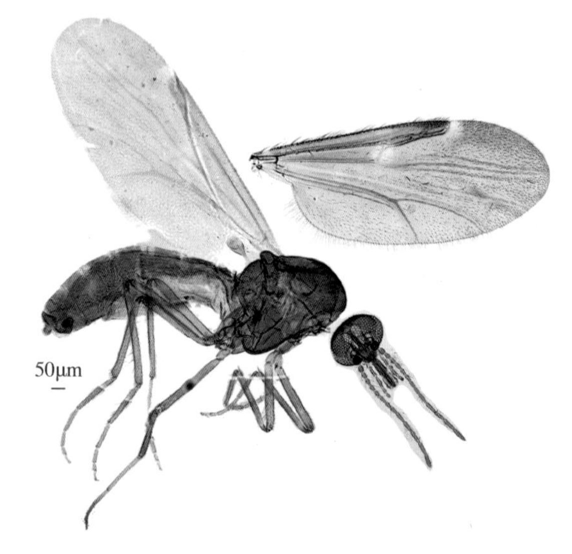

C. cf. *xinpingensis*标本（编号22065，采集于迪庆香格里拉，2023-8-5）

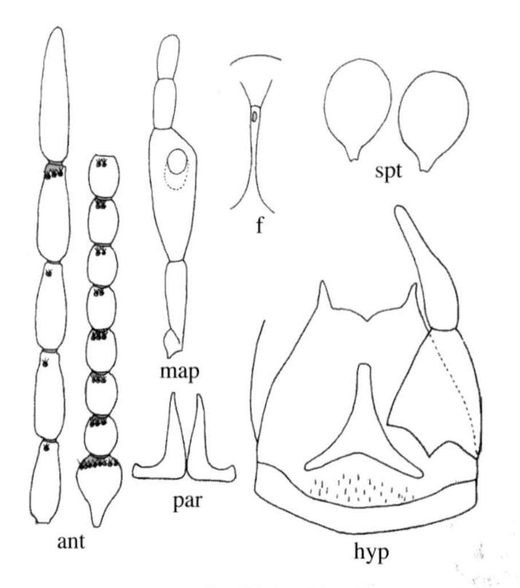

*C. xinpingensis*鉴别特征（虞以新，2006）

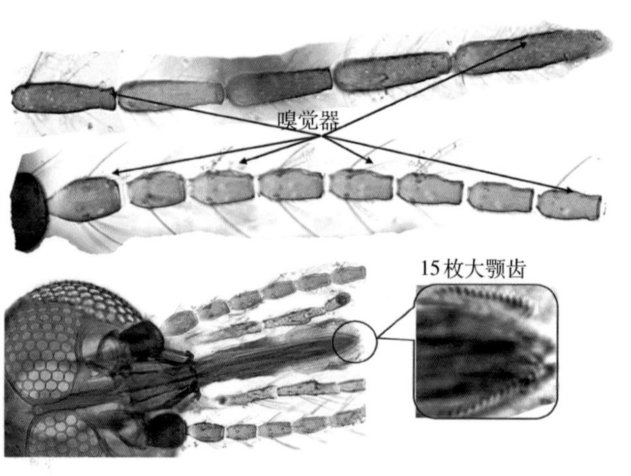

C. cf. *xinpingensis*细节特征

3.9.3 类单带库蠓 *C.* cf. *fascipennis*

中文名：类单带库蠓

鉴别特征：*C. fascipennis*雌虫翅面上除翅基淡斑外，有3个淡斑。两复眼分离，小眼面间无柔毛，有额缝。触角鞭节各节相对比长为18：13：13：12：13：13：14：14：24：22：26：26：36，AR 1.22，触角嗅觉器见于第3，11 ~ 15节。触须5节的相对比长为10：24：26：12：11；第3节中部粗大，感觉器聚合于中部感觉器窝内，PR2.60。唇基片鬃每侧3根。大颚齿14枚。后足胫节端鬃4根，第1，2根等长。腹部有2个发达受精囊，球形，等大，有颈，有退化的棒状小囊（虞以新，2006）。

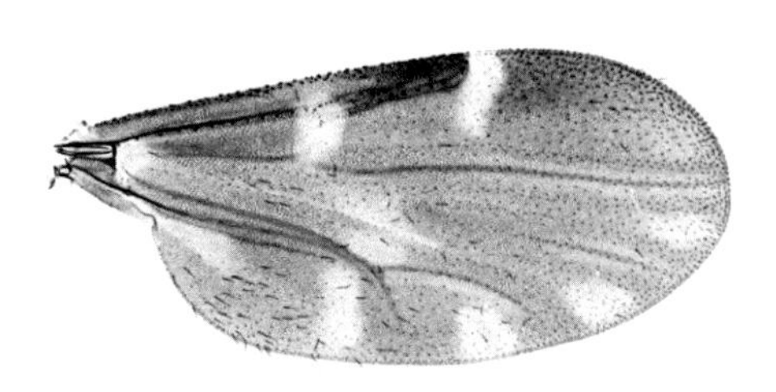

C. cf. *fascipennis*翅面花纹（标本编号AEB3865 YNP3-G2）

介绍：采集到几只本种库蠓，但不能确定是不是*C. fascipennis*，暂时命名为*C.* cf. *fascipennis*。

3.10 三囊亚属 *Trithecoides*

三囊亚属为基因比较复杂的库蠓种群，存在大量的基因多样性，本文只着重于形态学区别，不讨论基因多样性。三囊亚属的分类难度比较大，必须制成标本，通过其嗅觉器分布、大颚齿的数量和形状、受精囊的形状和大小，才能够分辨清楚。三囊亚属为热带库蠓，多分布在低海拔地区，在云南海拔1 000m以上地区7—8月能够采集到少量标本。三囊亚属的特点是有3个发育完整的受精囊，径2室约为径1室的2倍。大部分三囊亚属库蠓的胸部通常为黄色，部分品种前端有褐色斑点；少部分胸部为褐色，侧板有黄色斑点。在云南发现的三囊亚属库蠓复杂且品种很多（图3-5）。

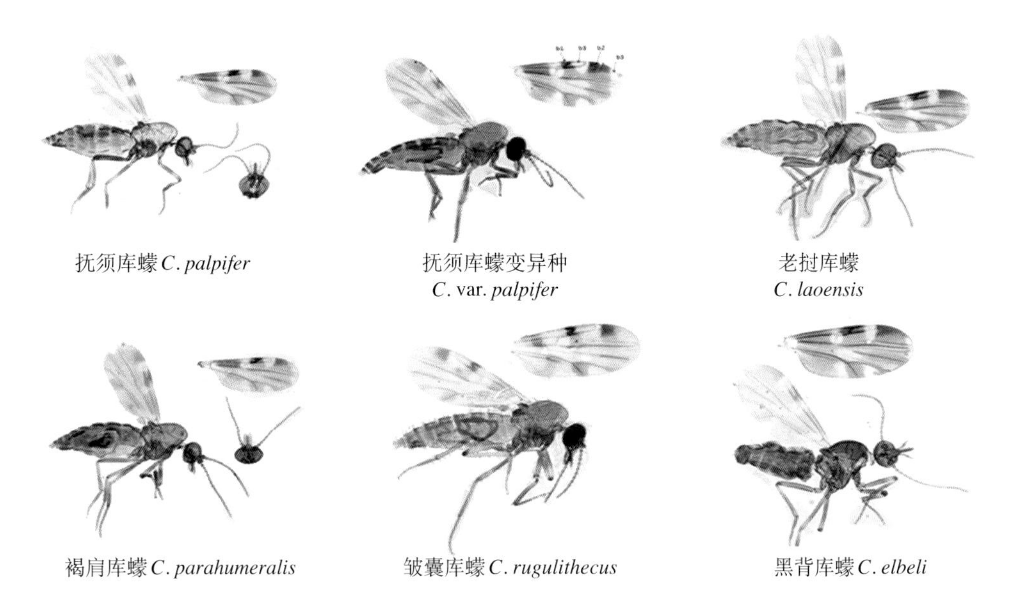

抚须库蠓 *C. palpifer*

抚须库蠓变异种 *C.* var. *palpifer*

老挝库蠓 *C. laoensis*

褐肩库蠓 *C. parahumeralis*

皱囊库蠓 *C. rugulithecus*

黑背库蠓 *C. elbeli*

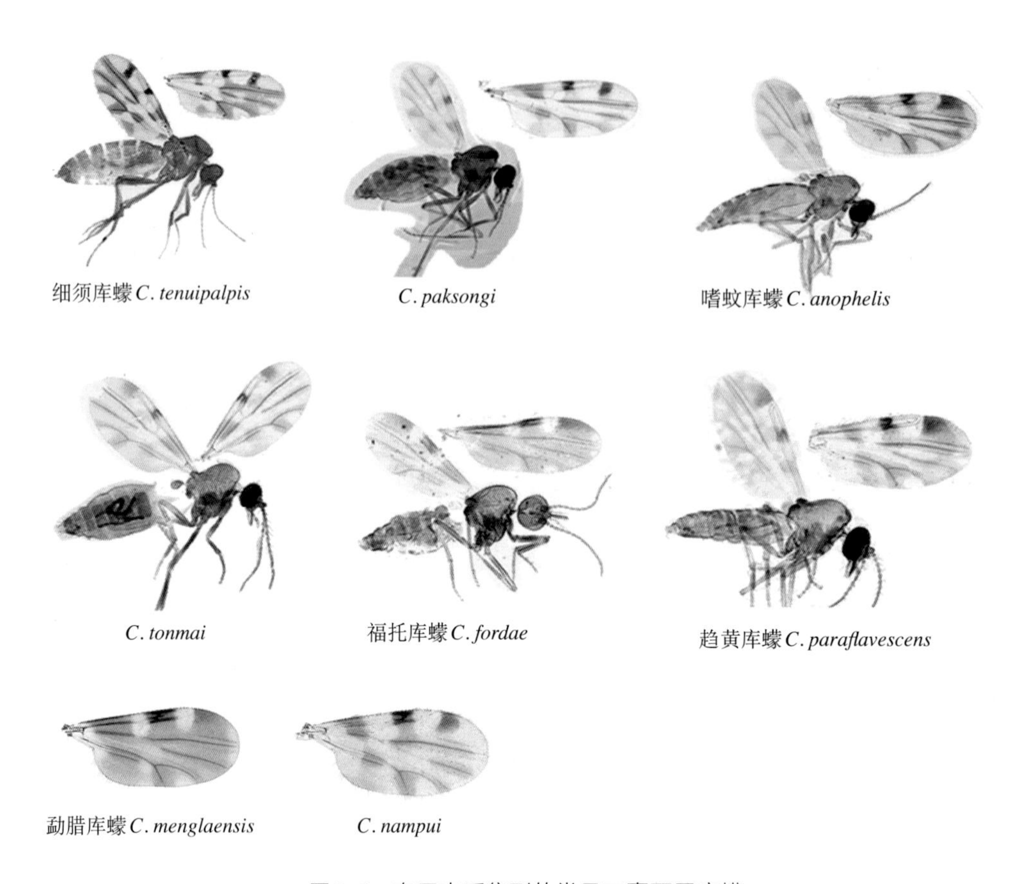

图3-5 在云南采集到的常见三囊亚属库蠓

3.10.1 嗜蚊库蠓 *C. anophelis*

中文名：嗜蚊库蠓

鉴别特征：雌虫两复眼相连，小眼面间无柔毛。触角鞭节各节相对比长为21：15：15：16：17：17：18：19：24：22：26：30：43，AR1.05，触角嗅觉器见于第3，11～15节。触须5节的相对比长为10：17：22：10：11；第3节中部粗，感觉器分散于1/3近端，PR2.1。大颚齿15枚，第1枚较大，大颚后有弯钩形小刺。背板前端和后端都有黑斑，小盾板黄色，后小盾板黑色。前足和中足膝部（股节和胫节连接处）色淡，后足膝部黑，后足有不到端顶的淡色带。后足胫节端鬃4根，第2根最长。腹部有3个大小相等

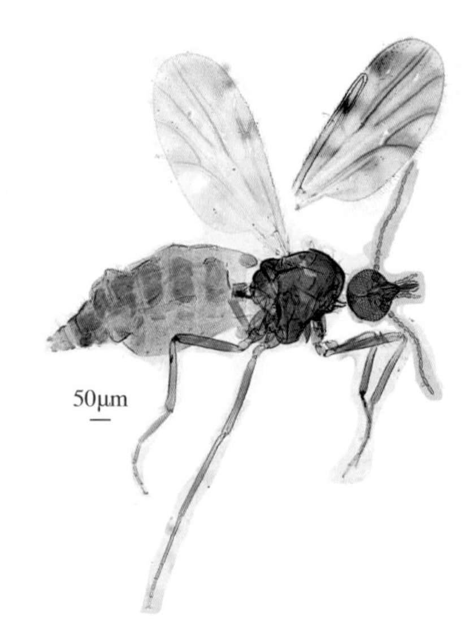

C. anophelis 标本（编号22053，采集于红河河口，2022-8-20。该标本为消化后的标本，背板黑色斑点看不清楚）

发达受精囊，球形，有颈。

介绍：*C. anophelis*分布于热带地区，但数量较少，样品采集于红河河口。

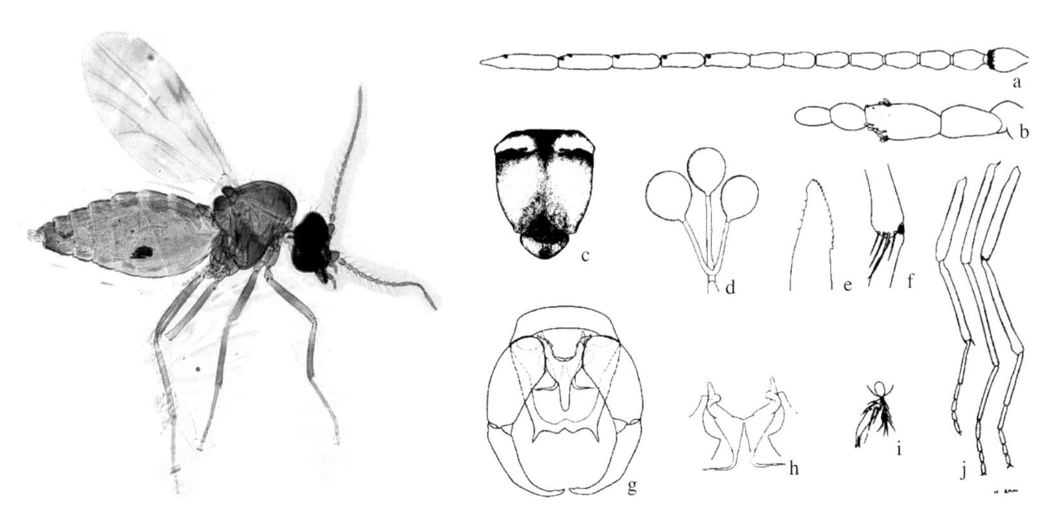

*C. anophelis*未消化标本（标本编号22040，采集于红河河口，2022-8-20）

C. anophelis 鉴别特征（Wirth & Hubert，1989）

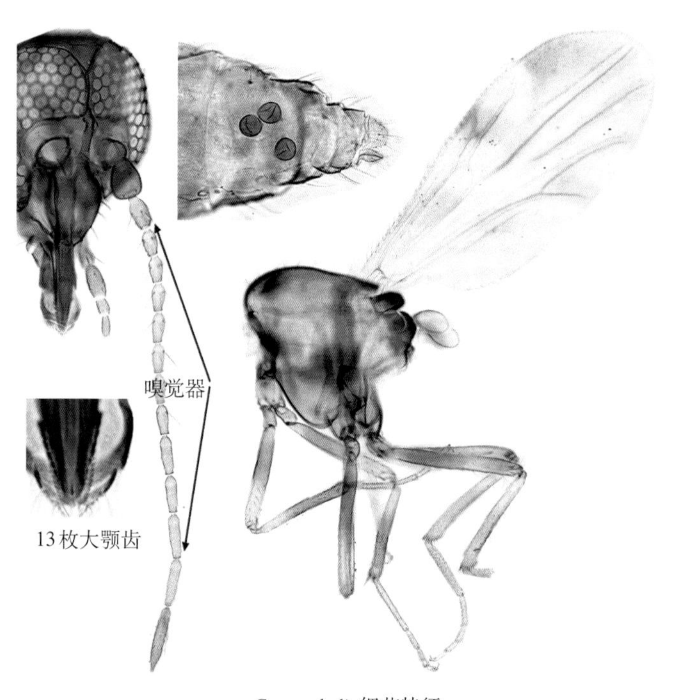

*C. anophelis*细节特征

3.10.2 黑背库蠓*C. elbeli*

中文名：黑背库蠓

鉴别特征：雌虫翅面上除翅基淡斑外，只有4个淡斑。两复眼相连，小眼面间无柔毛。触角鞭节各节相对比长为19∶17∶19∶18∶18∶17∶18∶19∶22∶21∶24∶24∶37，AR0.88，触角嗅觉器见于第3，11～15节。触须5节的相对比长为6∶17∶19∶7∶8；第3节中部粗大，感觉器见于节近端1/2，PR2.71。大颚齿12枚，唇基片鬃每侧2根。后足胫节端鬃4根，第2根最长。腹部有3个发达受精囊，椭圆形，位于中部的受精囊明显大于位于两侧的（虞以新，2006）。

介绍：*C. elbeli*是少见的褐色三囊亚属库蠓。主要在普洱江城（占比5%）、普洱西盟（占比1%）有分布。

*C. elbeli*标本（编号22054，采集于普洱江城，2022-7-14）

*C. elbeli*未消化标本（标本编号22054，采集于普洱江城，2022-7-14）

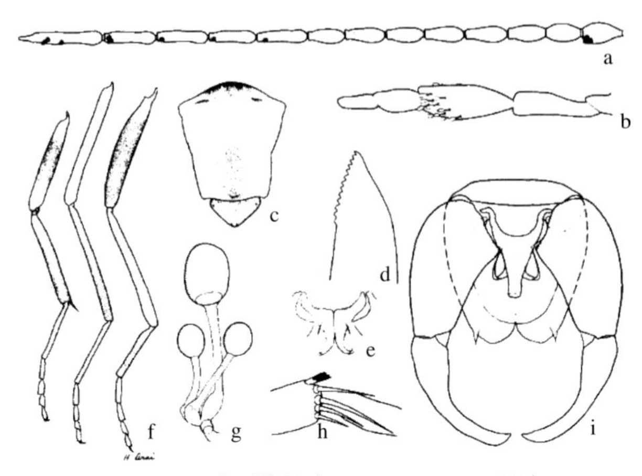

C. elbeli 鉴别特征（Wirth & Hubert，1989）

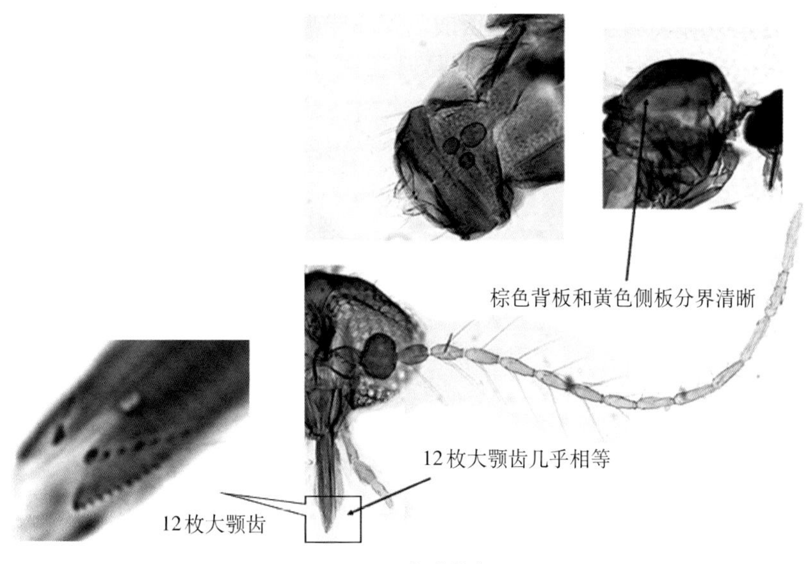

C. elbeli 细节特征

3.10.3 福托库蠓 *C. fordae*

中文名：福托库蠓

鉴别特征：雌虫小眼面间无柔毛。触角鞭节各节相对比长为16 : 14 : 15 : 16 : 16 : 16 : 15 : 16 : 20 : 19 : 24 : 25 : 36，AR1.0，触角嗅觉器见于第3，13 ~ 15节，第11，12节上没有嗅觉器。触须5节的相对比长为7 : 15 : 14 : 9 : 7；第3节短稍微粗大，感觉器分散在节上，PR2.4。大颚齿10 ~ 11枚，小而均匀。腹部有3个发达受精囊，有颈，位于中部的受精囊明显大于位于两侧的（Wirth & Hubert 1989）。

介绍：*C. fordae* 在云南分布较广，但比例不高，在热带地区都有发现。

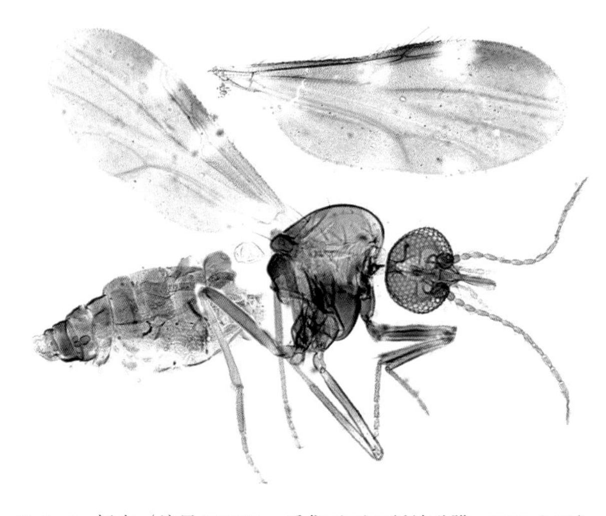

C. fordae 标本（编号230101，采集于西双版纳勐腊，2021-7-20）

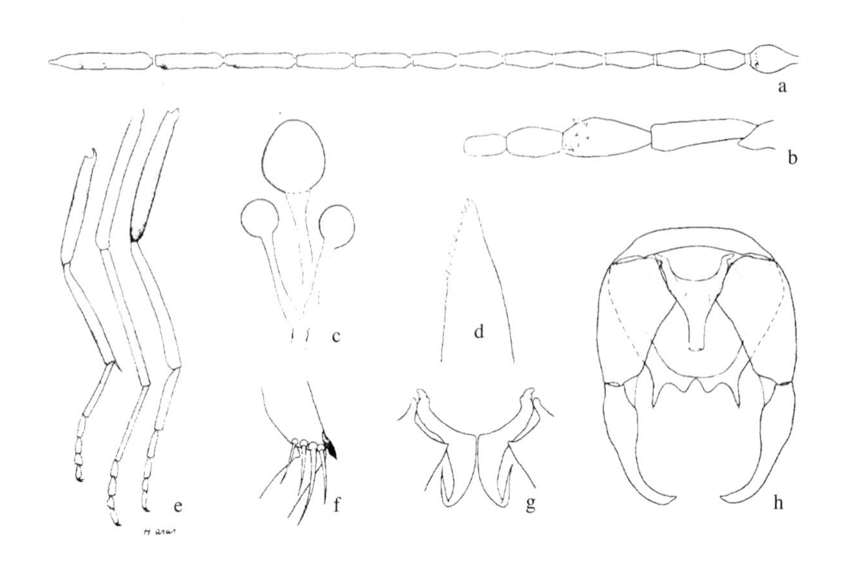

*C. fordae*鉴别特征（Wirth & Hubert，1989）

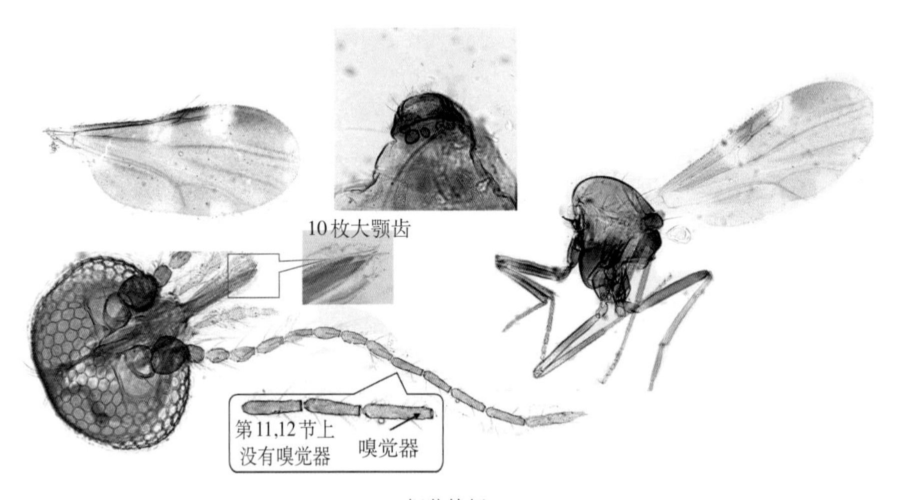

C. fordae 细节特征

3.10.4　黄盾库蠓*C. flaviscutatus*

中文名：黄盾库蠓

鉴别特征：雌虫小眼面间无柔毛。触角鞭节各节相对比长为20 : 17 : 19 : 20 : 20 : 19 : 19 : 19 : 24 : 23 : 27 : 27 : 43，AR0.94，触角嗅觉器见于第3，11 ～ 15节。触须5节的相对比长为6 : 16 : 19 : 9 : 9；第3节短、稍微粗大，感觉器分散在节上，PR2.5。大颚齿12枚，小而均匀。腹部有3个发达受精囊，有颈，位于中部的受精囊明显大于位于两侧的（Wirth & Hubert，1989）。

介绍：*C. flaviscutatus*数量较少，在热带地区都有发现；外表与*C. laoensis*无显著区别，要进行*COI*基因检测才能辨别。

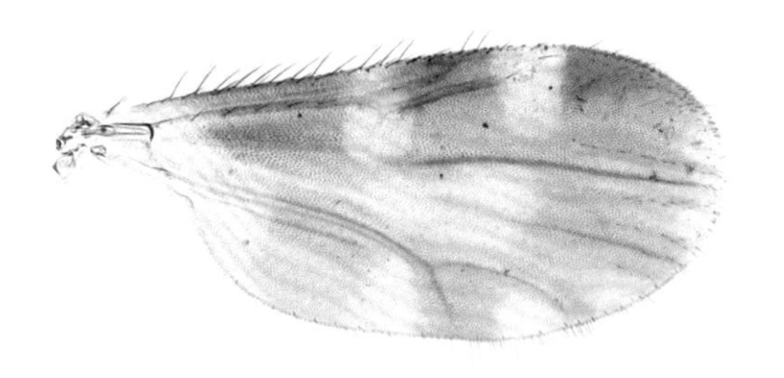

*C. flaviscutatus*翅面花纹（标本编号YNP6-D6，采集于红河县，2021-6-5）

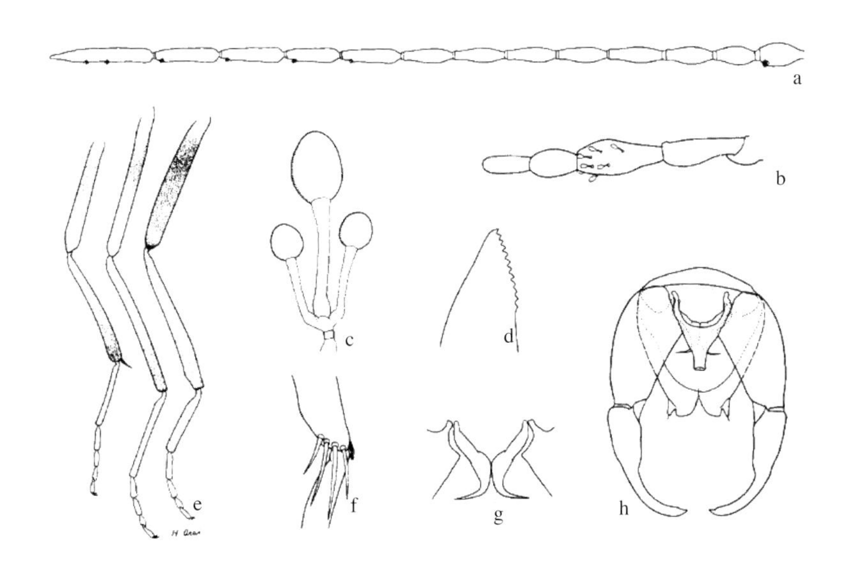

*C. flaviscutatus*鉴别特征（Wirth & Hubert，1989）

3.10.5 老挝库蠓*C. laoensis*

中文名：老挝库蠓

鉴别特征：雌虫两复眼相连，小眼面间无柔毛。触角鞭节各节相对比长为18∶17∶19∶20∶20∶20∶20∶21∶28∶27∶32∶34∶47，AR 1.08，触角嗅觉器见于第3，11～15节。触须5节的相对比长为8∶27∶25∶12∶12；第3节细长，感觉器见于节近端1/3，PR3.0。大颚齿11枚。后足胫节端鬃4根，第2根最长。腹部有3个发达受精囊，球形，位于中部的受精囊明显大于位于两侧的。

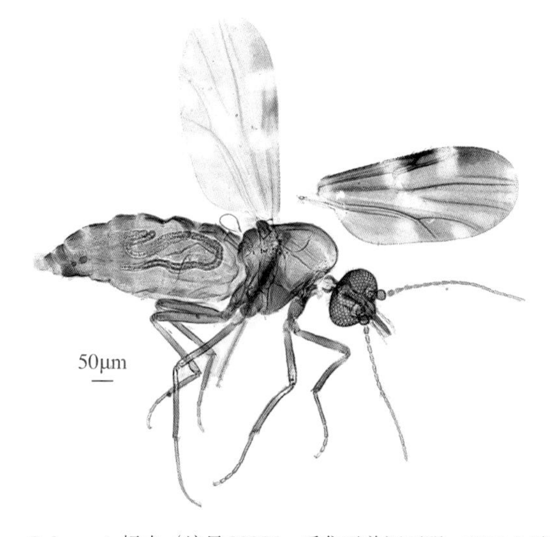

*C. laoensis*标本（编号22056，采集于普洱西盟，2022-8-5）

介绍：*C. laoensis* 为普洱江城和西盟的优势库蠓种群，占比约20%。

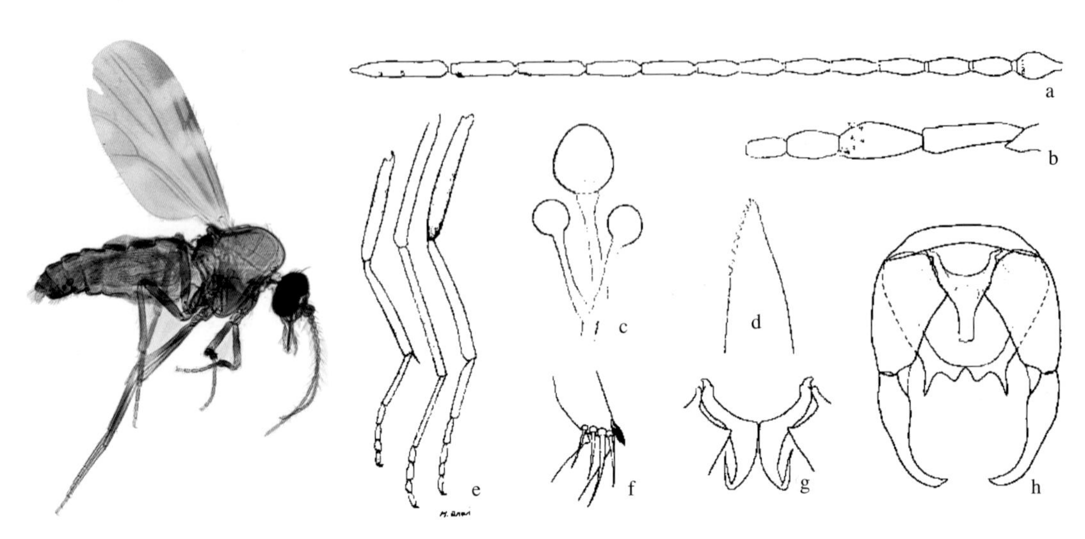

*C. laoensis*未消化标本（标本编号22052，采集于普洱西盟，2022-8-5）

*C. laoensis*鉴别特征（Wirth & Hubert，1989）

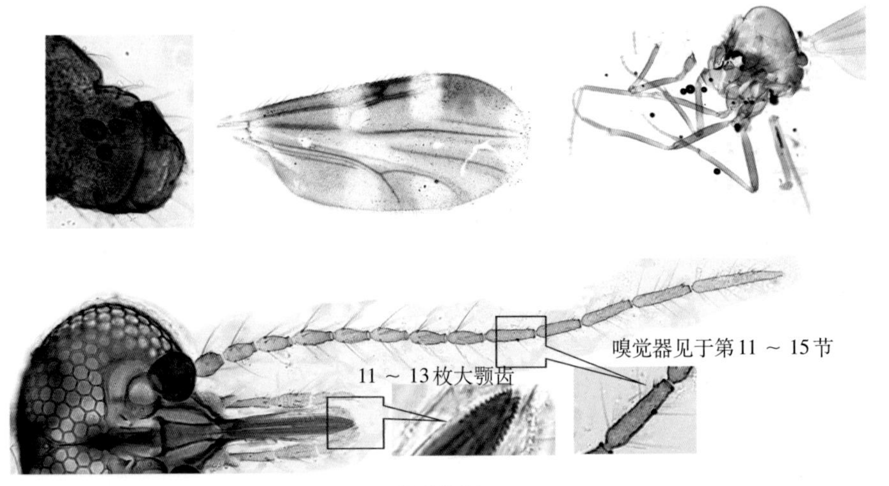

*C. laoensis*细节特征

3.10.6 勐腊库蠓 *C. menglaensis*

中文名：勐腊库蠓

鉴别特征：雌虫中胸小盾片、后背板、侧片全为棕色。两复眼相连，小眼面间无柔毛。触角鞭节各节相对比长为16：16：16：18：18：18：18：18：24：20：24：26：36，AR 0.94，触角嗅觉器见于第3，11 ~ 15节。触须5节的相对比长为6：20：16：8：8；第3节细长，感觉器分散于节近端，PR2.67。大颚齿12枚。后足胫节端鬃4根，第2根最长。腹部有3个发达受精囊，位于中部的受精囊明显大于位于两侧的。

介绍：*C. menglaensis* 为云南特有棕色库蠓品种，采集于西双版纳勐腊，数量稀少。

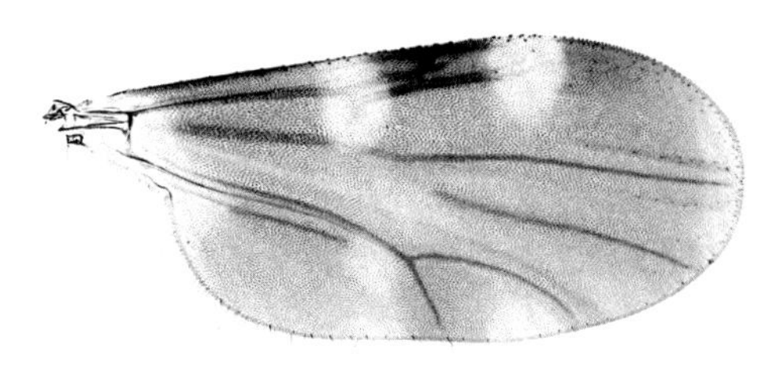

C. menglaensis 标本（编号 YNP7-H1 F，采集于西双版纳勐腊）

C. menglaensis 细节特征

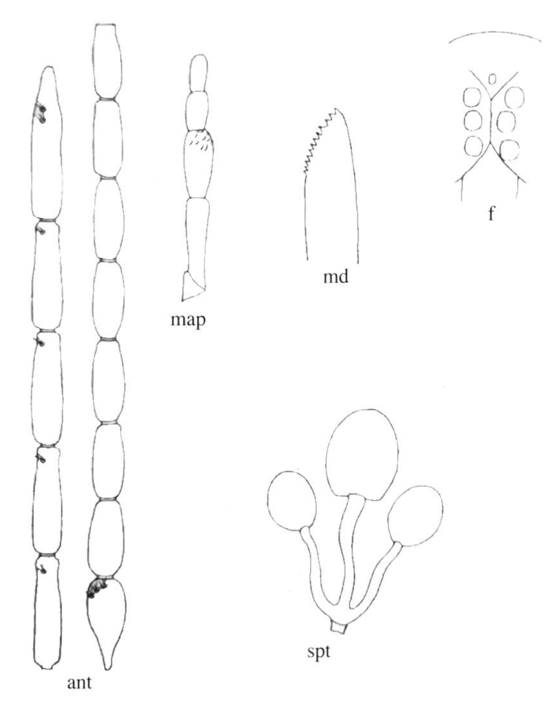

C. menglaensis 鉴别特征（虞以新，2006）

3.10.7 *C. nampui*

中文名：暂无中文命名

鉴别特征：稀有种类，特征还未见发表，鉴别方法见第2章检索表。

介绍：采集到个位数标本。

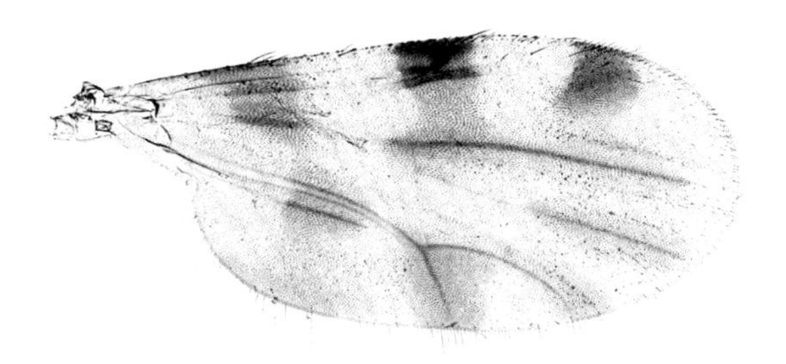

C. nampui 翅面花纹（标本编号 YNP4-A11 F）

3.10.8 *C. paksongi*

中文名：暂无中文命名

鉴别特征：雌虫两复眼相连，小眼面间无柔毛。触角鞭节各节相对比长为21∶24∶24∶24∶27∶25∶25∶26∶34∶35∶41∶44∶56，AR1.07，触角嗅觉器见于第3,11～15节。触须5节的相对比长为9∶34∶31∶11∶20；第3节细长，无感觉器窝，感觉器分散在近端1/2，PR3.4。大颚齿9枚，第1枚较大。背板前端和后端都有黑斑，小盾板黄色，后小盾板黑色。后足有不到端顶的浅色带。后足胫节端鬃4根，第2根最长。腹部有3个大小相等发达受精囊，球形，有颈。

介绍：*C. paksongi* 见于曲靖师宗、红河河口，数量稀少。本种库蠓为国内首次报道。

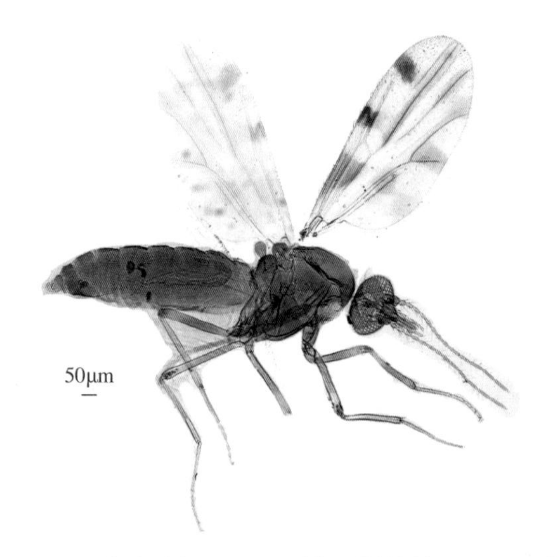

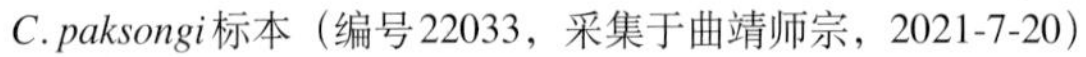

C. paksongi 标本（编号22033，采集于曲靖师宗，2021-7-20）

C. paksongi 未消化标本（标本编号22036，采集于曲靖师宗，2021-7-20）

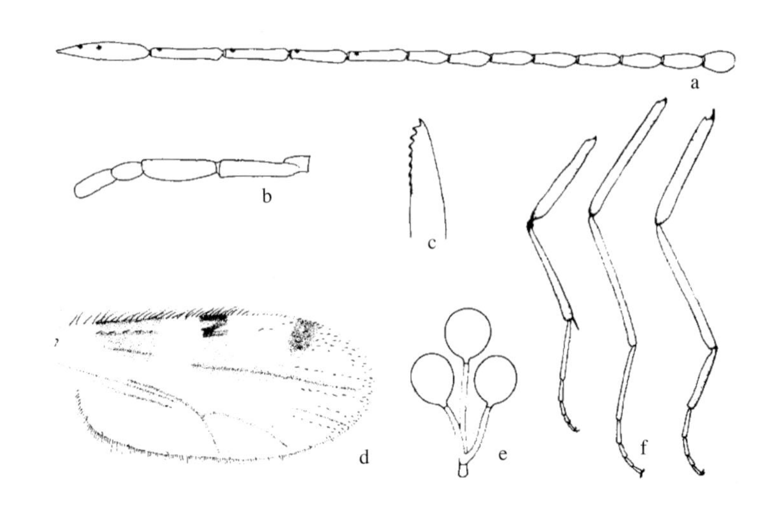

C. paksongi 鉴别特征（Wirth & Hubert，1989）

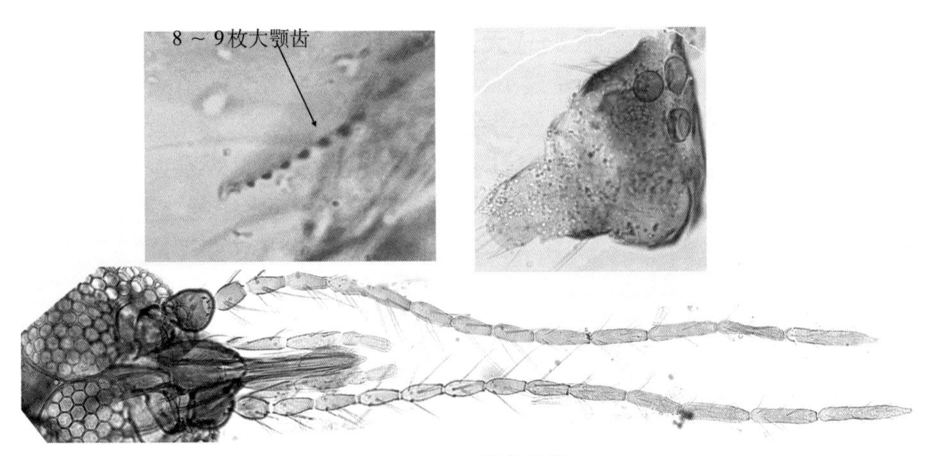

*C. paksongi*细节特征

3.10.9 抚须库蠓*C. palpifer*

中文名：抚须库蠓

鉴别特征：雌虫翅面上淡斑除径中、径端淡斑外，均为模糊淡斑。两复眼相连，小眼面间无柔毛。触角鞭节各节相对比长为19：14：16：17：19：18：18：18：23：25：25：36：36，AR 1.04，触角嗅觉器见于第3，11 ~ 15节。触须5节的相对比长为6：21：16：9：8；第3节中部粗大，感觉器分散于节近端1/3，PR2.00。唇基片鬃每侧2根。大颚齿7枚。后足胫节端鬃4根，第2根最长。腹部有3个发达受精囊，位于中部的受精囊明显大于位于两侧的（虞以新，2006）。

介绍：*C. palpifer*为云南常见的黄色库蠓，在海拔1 000m以下热带地区，其数量占比通常在10%以上，在云南中部海拔2 000m地区夏季也可以采集到，但数量随着气候变化的波动很大。

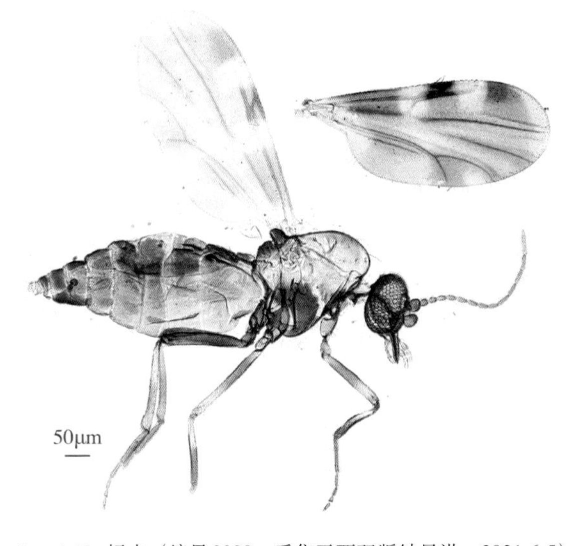

*C. palpifer*标本（编号2209，采集于西双版纳景洪，2021-6-5）

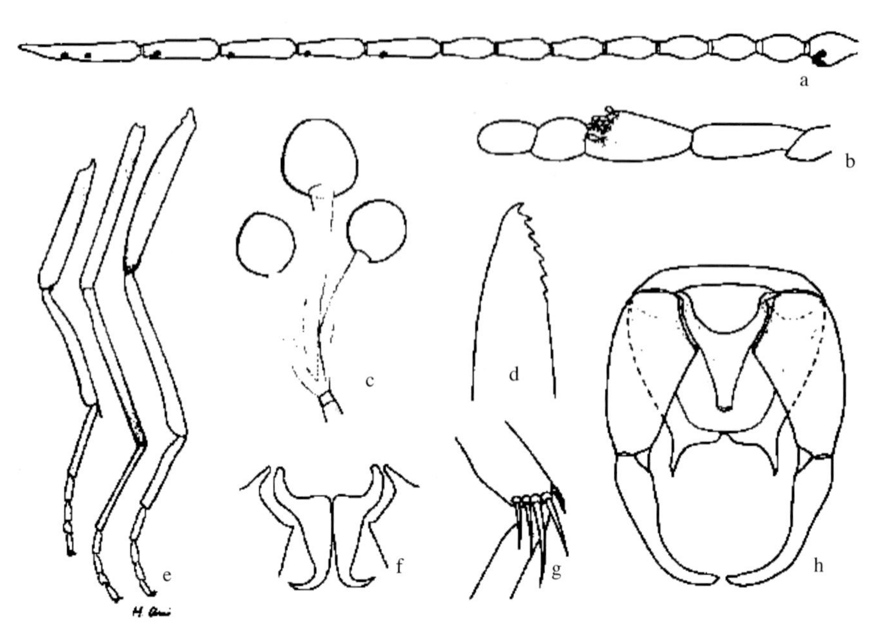

C. palpifer 鉴别特征（Wirth & Hubert，1989）

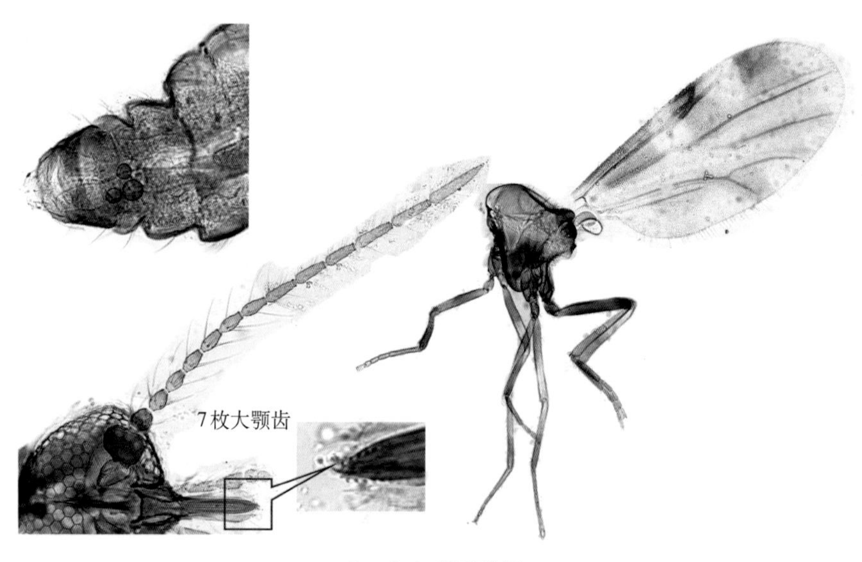

C. palpifer 细节特征

3.10.10 抚须库蠓变异种 *C.* var. *palpifer*

中文名：抚须库蠓变异种

鉴别特征：大部分特征同 *C. palpifer*，不同处在于 *C.* var. *palpifer* 的后足有不到端头的狭窄淡色环斑（a），*C. palpifer* 的后足为全褐色（b）。

介绍：*C.* var.*palpifer* 伴随 *C. palpifer* 存在，比例占 *C. palpifer* 的10%左右。

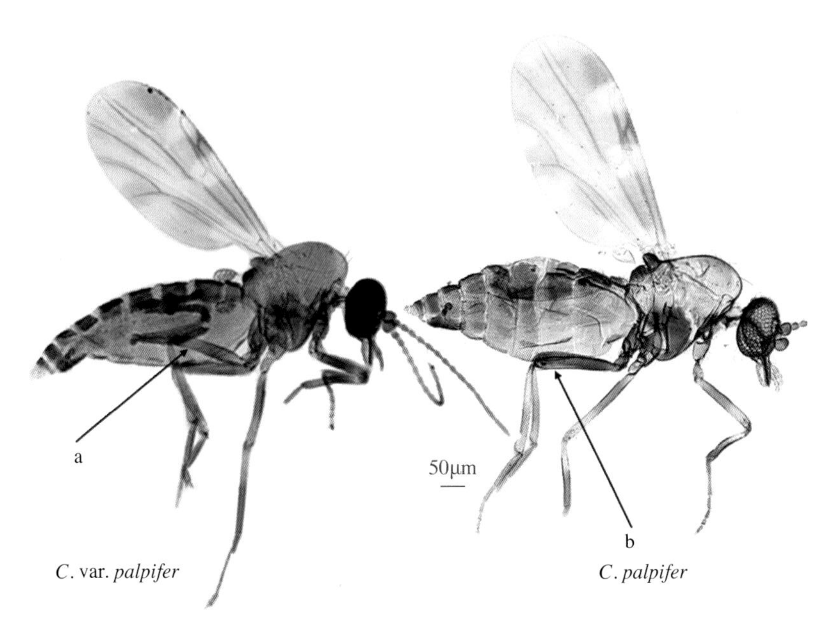

*C. palpifer*与*C.* var. *palpifer*后足对比

C. var. *palpifer*标本（编号22049，采集于红河河口，2022-8-5）

C. var. *palpifer*未消化标本（标本编号22038，采集于红河河口，2022-8-5）

3.10.11 趋黄库蠓 *C. paraflavescens*

中文名：趋黄库蠓

鉴别特征：雌虫小眼相连，面间无柔毛。触角鞭节各节相对比长为21 ∶ 19 ∶ 20 ∶ 21 ∶ 22 ∶ 22 ∶ 21 ∶ 22 ∶ 30 ∶ 29 ∶ 38 ∶ 39 ∶ 56，AR1.14，触角嗅觉器见于第3，11 ~ 15节。触须5节的相对比长为11 ∶ 18 ∶ 26 ∶ 12 ∶ 16；第3节稍微粗大，感觉器分散在节上，PR3.0。大颚齿19 ~ 23枚，小而均匀。腹部有3个发达受精囊，接近等大（Wirth & Hubert，1989）。

介绍：*C. paraflavescens*在云南分布较广，但比例不高，在热带地区都有发现。本次为云南首次报告。

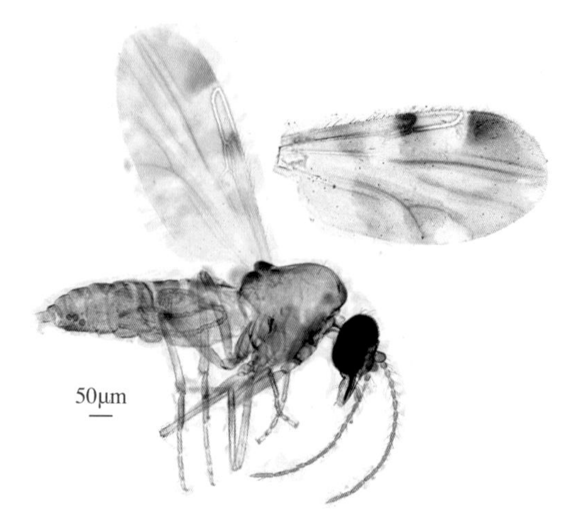

*C. paraflavescens*标本（编号23019，采集于红河河口，2022-9-20）

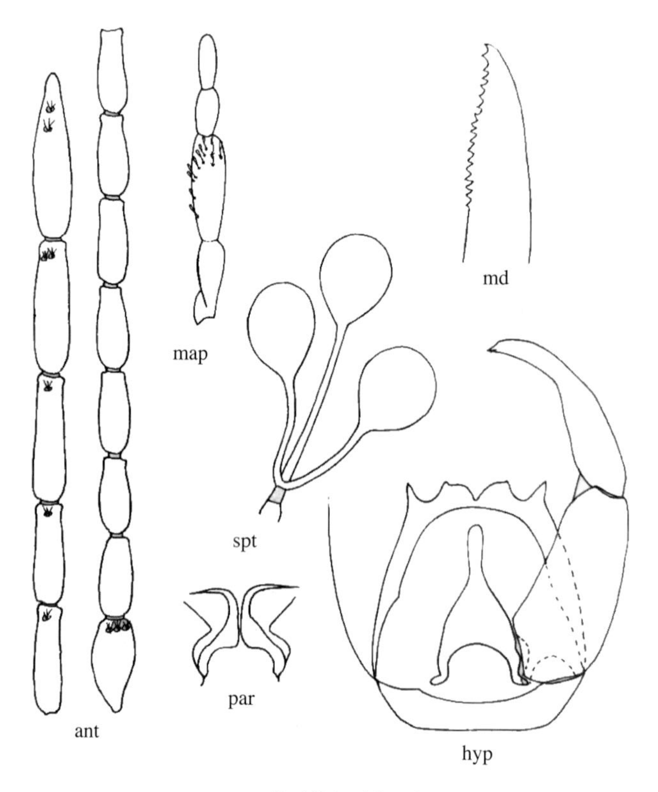

*C. paraflavescens*鉴别特征（虞以新，2006）

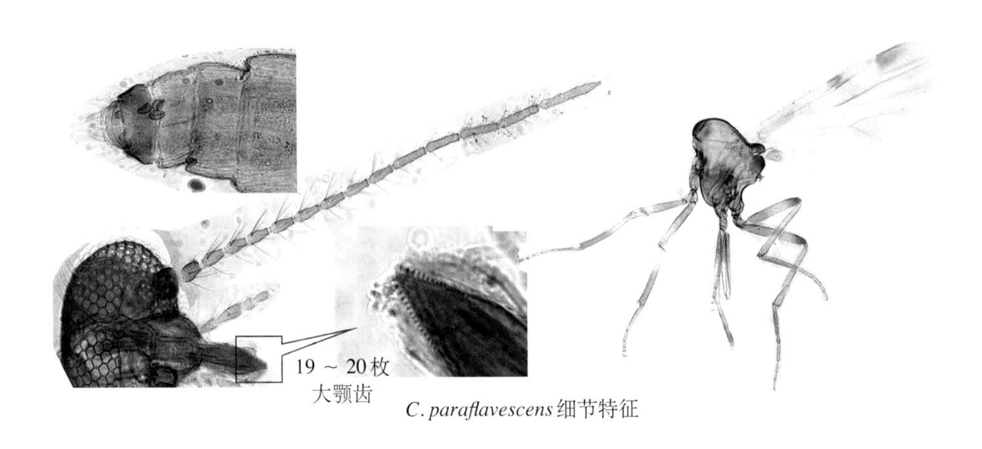

*C. paraflavescens*细节特征

3.10.12 褐肩库蠓*C. parahumeralis*

中文名：褐肩库蠓

鉴别特征：雌虫翅面上淡、暗斑明显，径5室和中1室淡斑相连，成弧形，中1室和中2室各有1条淡色带。两复眼相连，小眼面间无柔毛。触角鞭节各节相对比长为20∶16∶16∶17∶19∶18∶18∶18∶26∶25∶29∶29∶42，AR 1.06，触角嗅觉器见于第3，11 ~ 15节。触须5节的相对比长为8∶19∶17∶10∶10；第3节中部粗大，感觉器见于节近端1/3，PR1.89。大颚齿7枚，唇基片鬃每侧2根。后足胫节端鬃4根，第2根最长。腹部有3个发达受精囊，球形，位于中部的受精囊明显大于位于两侧的（虞以新，2006）。

*C. parahumeralis*标本（编号2208，采集于西双版纳景洪勐养，2021-6-5）

介绍：*C. parahumeralis*为云南热带地区分布普遍的黄色三囊亚属库蠓，在海拔1 000m以下所有地区都有分布。数量占比在5% ~ 10%，约低于*C. palpifer*。在云南中部海拔1 000 ~ 2 000m地区只在夏天出现，数量占比为1%左右。

*C. parahumeralis*未消化标本（标本编号22034，采集于曲靖师宗，2022-7-20。多形性，背板前端部黑斑较大）

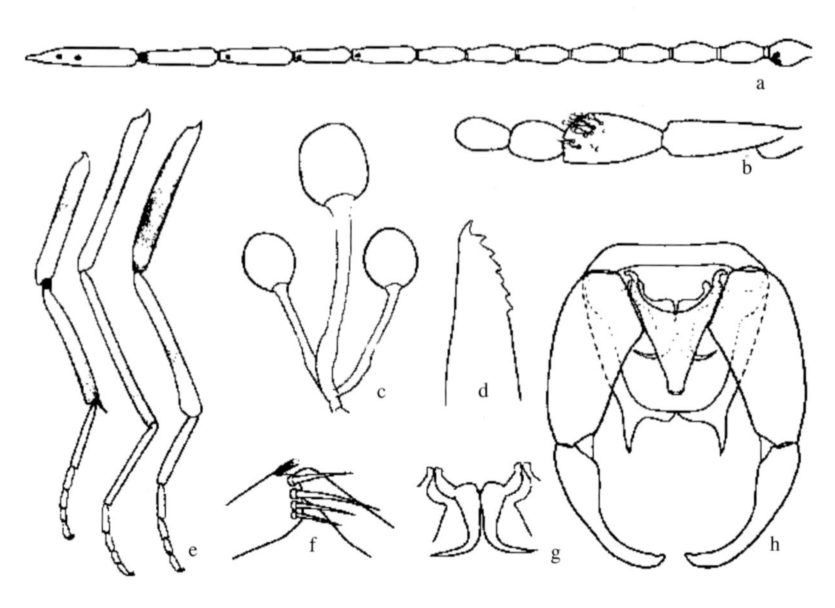

*C. parahumeralis*鉴别特征（Wirth & Hubert，1989）

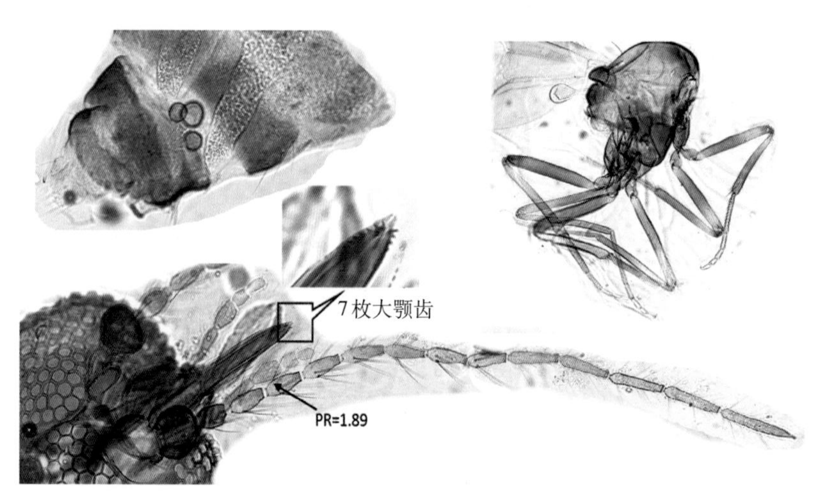

*C. parahumeralis*细节特征

3.10.13 皱囊库蠓 *C. rugulithecus*

中文名：皱囊库蠓

鉴别特征：雌虫翅面上仅径中、端淡斑明显。两复眼相连，小眼面间无柔毛。触角鞭节各节相对比长为27∶25∶26∶26∶27∶26∶25∶26∶32∶32∶37∶39∶52，AR0.92，触角嗅觉器见于第3，11～15节。触须5节的相对比长为9∶24∶23∶11∶13；第3节近端部粗大，感觉器见于节近端1/3，PR2.2。大颚齿7枚，小颚齿7枚。后足胫节端鬃4根，第2根最长。腹部有3个发达受精囊，均有皱纹，位于中部的受精囊明显大于位于两侧的，有明显的受精囊导管（虞以新，2006）。

介绍：*C. rugulithecus*在云南海拔1 000m以下热带地区都有分布，但数量较少，占比在1%左右，夏季数量增加。

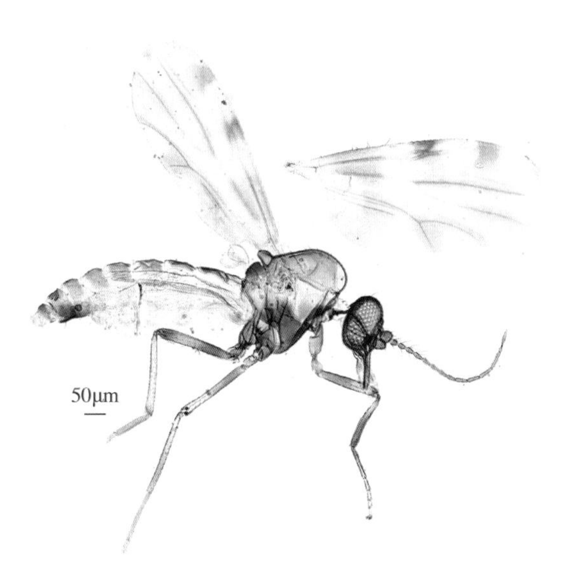

*C. rugulithecus*标本（编号22010，采集于曲靖师宗，2021-8-5）

*C. rugulithecus*未消化标本（标本编号22035，采集于曲靖师宗，2021-8-5）

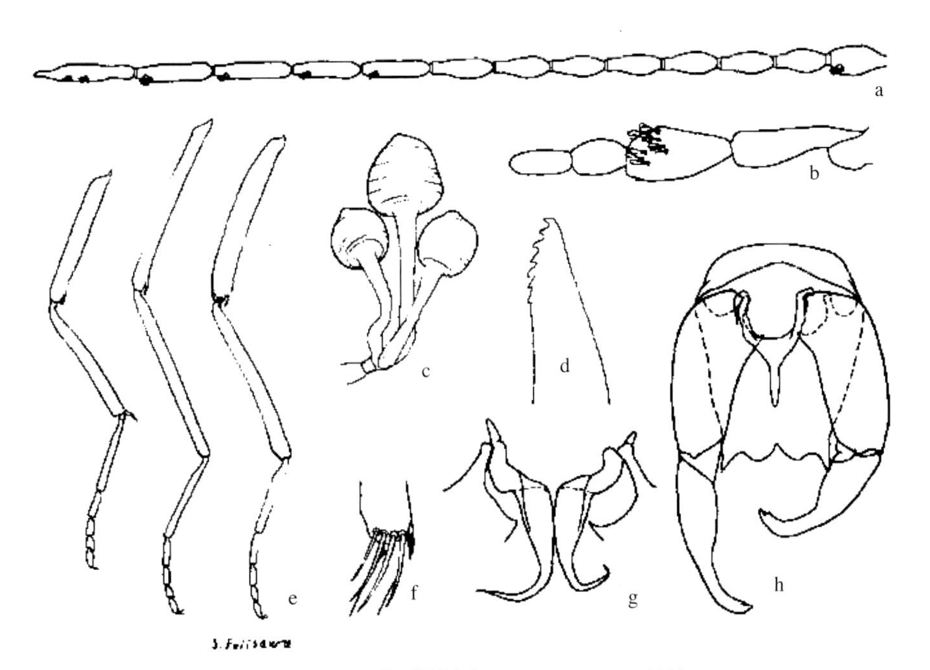

C. rugulithecus 鉴别特征（Wirth & Hubert ，1989）

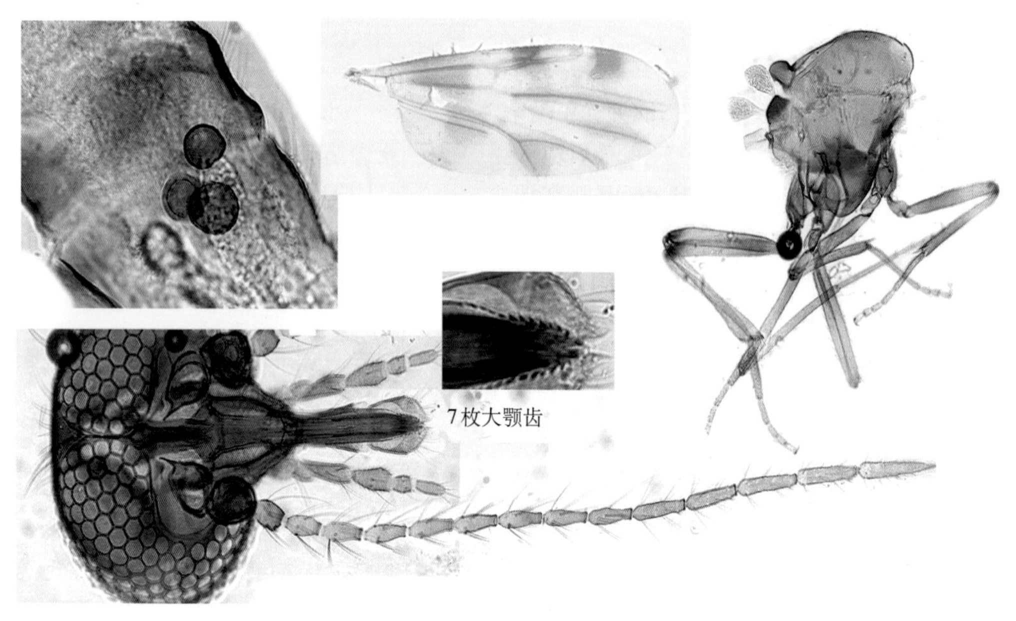

*C. rugulithecus*细节特征

3.10.14 细须库蠓*C. tenuipalpis*

中文名：细须库蠓

鉴别特征：雌虫翅径2室淡色，翅基淡斑和中2室、臀室基部淡斑互相连接成不规则的大淡斑，径5室端部有1个椭圆形淡斑。两复眼相连，小眼面间无柔毛。触角鞭节各节相对比长为20∶17∶18∶20∶20∶19∶19∶18∶27∶28∶37∶43∶56，AR1.26，触角嗅觉器见于第3，11～15节。触须5节的相对比长为10∶18∶35∶11∶15；第3节细长，感觉器散布在节上，PR4.38。大颚齿8枚，小颚齿10枚。后足胫节端鬃5根，第2根最长。腹部有3个发达受精囊，近球形，略等大，有颈（虞以新，2006）。

介绍：*C. tenuipalpis*为很稀少的库蠓种类，样品采集于西双版纳景洪勐养。

*C. tenuipalpis*标本（编号22019，采集于西双版纳景洪勐养，2021-6-14）

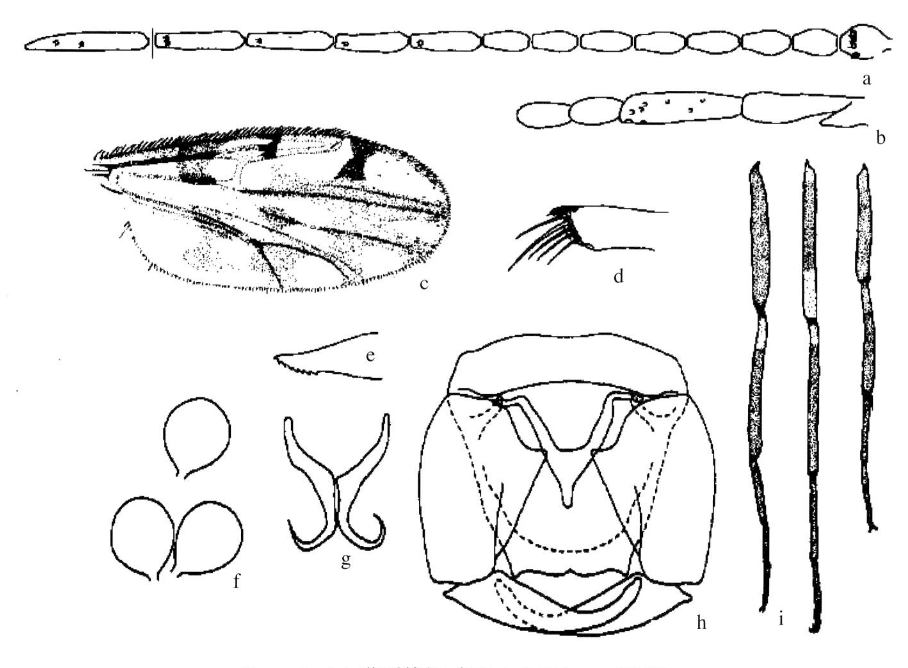

C. tenuipalpis 鉴别特征（Wirth & Hubert，1989）

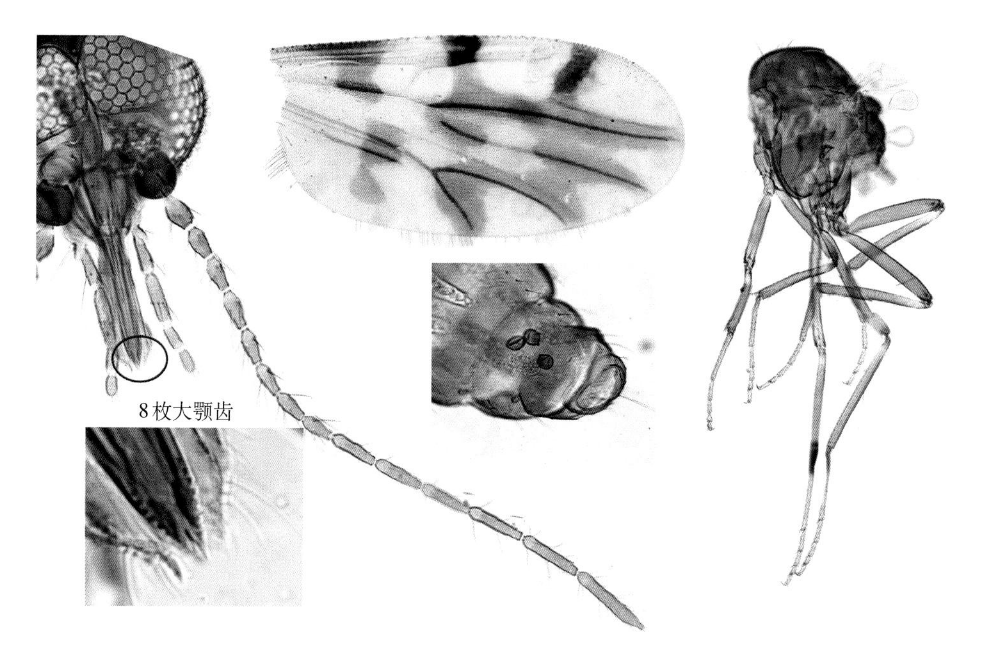

C. tenuipalpis 细节特征

3.10.15 *C. tonmai*

中文名：暂无中文命名

鉴别特征：雌虫小眼面间无柔毛。触角鞭节各节相对比长为22：20：24：25：26：25：26：24：32：29：34：36：49，AR0.94，触角嗅觉器见于第3，11～15节。触角第6～9节细长，长宽比3.2。触须5节的相对比长为9：24：26：11：11；第3节端部粗大，感觉器较少，分散在节上，PR1.6。大颚齿7枚。所有足基部棕色，膝部关节白色，后足胫部白色。腹部有3个发达受精囊，有颈，位于中部的受精囊明显大于位于两侧的（Wirth & Hubert，1989）。

介绍：*C. tonmai*数量稀少，标本采集于西双版纳勐腊。

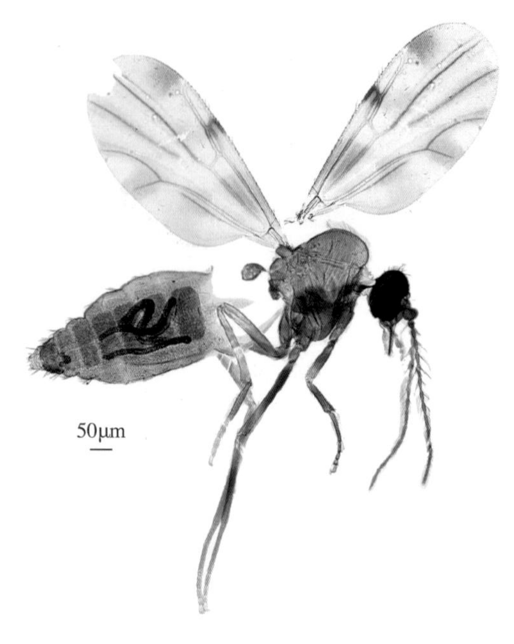

*C. tonmai*未消化标本（编号22060，采集于西双版纳勐腊，2021-7-20）

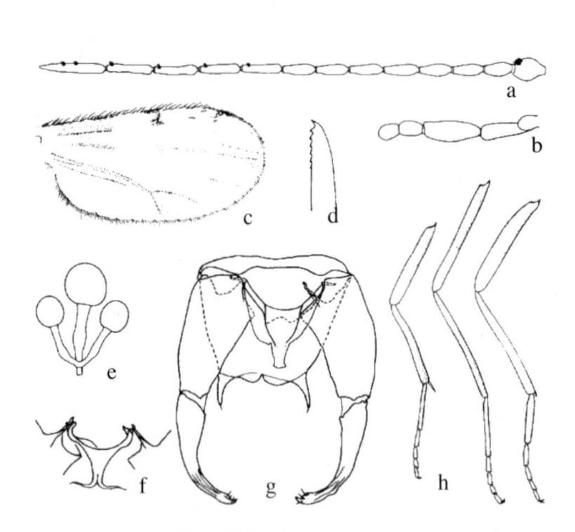

*C. tonmai*鉴别特征（Wirth & Hubert，1989）

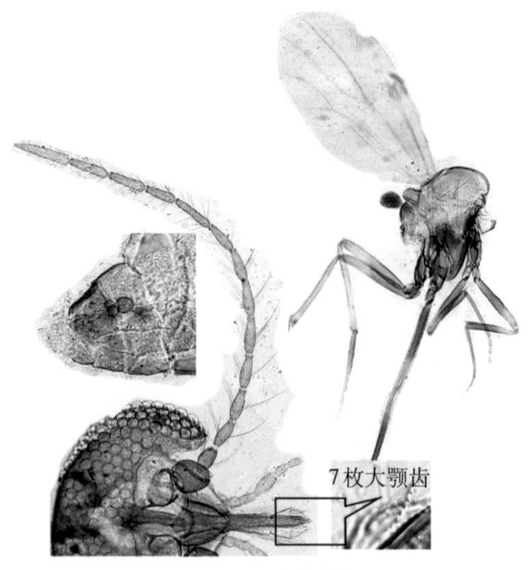

*C. tonmai*细节特征

第4章　云南库蠓的基因条形码和基因多样性

段莹亮

4.1 基因条形码

DNA条形码（DNA barcode）是一种利用生物特征性DNA短片段序列，进行物种鉴定的分子生物学方法和工具，是一种准确而简便的物种鉴定方法。

目前常用的DNA条形码靶标包括细胞色素C氧化酶亚基1（cytochrome c oxidase subunit 1，COⅠ或cox1）、核酮糖-1，5-二磷酸羧化酶（ribulose-1，5-bisphosphate carboxylase，RuBisCO）的大亚基（rbcL）、核酮糖-1，5-二磷酸羧化酶的成熟酶K（matK）、核糖体RNA（rRNA）基因、氨基甲酰磷酸合成酶2-天冬氨酸转氨甲酰酶-二氢乳清酸酶（carbamoyl-phosphate synthetase 2，aspartate transcarbamylase，and dihydroorotase，CAD）、延伸因子1α（elongation factor 1 alpha，EF1α）[1，2]。

*COⅠ*常用于动物的分子生物学鉴定[1]。由于*COⅠ*定位于线粒体基因组，具有拷贝数高的优势，而线粒体母系遗传的特征决定了*COⅠ*的纯度，避免等位基因对测序的干扰，因此，可以通过PCR扩增*COⅠ*，直接进行Sanger测序。根据研究经验，库蠓的*COⅠ*遗传进化树分支可精确到亚种级别。

*rbcL*和*matK*定位于叶绿体基因组，用于植物的分子生物学鉴定，同样具有多拷贝特征[1]。

28S rRNA的编码基因（28S rDNA）定位于细胞核基因组，相邻的分子靶标有外部转录间隔区（external transcribed spacer region，*ETS*）、18S rRNA、内部转录间隔区1（internal transcribed spacer region 1，*ITS1*）、5.8S rRNA、内部转录间隔区2（*ITS2*）[3，4]（图4-1），它们组成的基因座在基因组中为多拷贝。根据研究经验，库蠓的rRNA序列由长保守区及镶嵌其中的多个可变区组成。总体而言，rRNA序列比*COⅠ*序列保守，但在可变区经常出现碱基的插入/缺失，成为鉴别不同种库蠓的重要特征。可使用保守区引物扩增库蠓28S rDNA，然后直接进行Sanger测序[5]。如果28S rDNA的等位基因存在序列差异（特别是插入/缺失突变），Sanger测序将出现混乱结果。总体而言，库蠓28S rDNA的直接扩增测序成功率超过80%，但对于个别种（例如*C. spiculae*）成功率非常低[5]。由于*ETS*、*ITS1*及*ITS2*为非功能区域，它们的序列保守性非常低，即使同一只库蠓，其*ETS*、*ITS1*及*ITS2*也通常存在差异显著的等位基因。因此，它们的PCR扩增片段通常需要插入质粒并转化进大肠杆菌，挑取单克隆菌后分别进行测序。

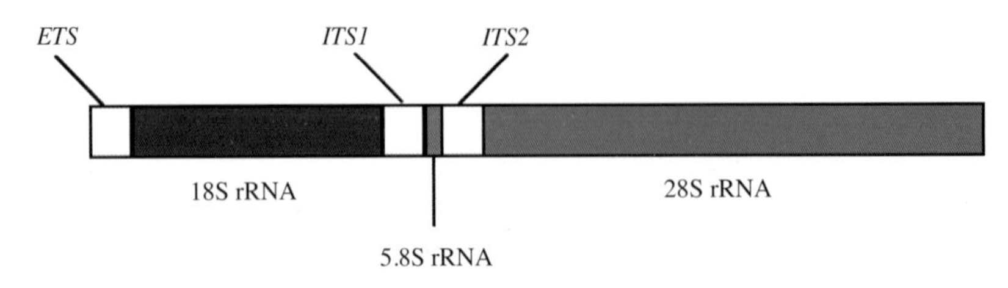

图4-1　真核生物18S rRNA-28S rRNA基因座示意图

16S核糖体RNA为原核生物核糖体的组分，为结构性RNA，由16S核糖体DNA编码，通常用于原核生物的分类鉴定研究。

4.2 DNA数据库

国际上目前有四大数据库记录*COI*序列，即美国国家生物技术信息中心（National Center for Biotechnology Information，NCBI）[6]、生物条形码系统（Barcode of Life Data，BOLD）[7]、欧洲生物信息研究所（European Bioinformatics Institute，EMBL-EBI）[8]、日本DNA数据库（DNA Data Bank of Japan，DDJB）[9]。其中，NCBI是最大的DNA序列数据库，对DNA序列有较为详细的注解。NCBI的*COI*序列记录从2003年的8 137条增加到2017年的250万条，平均每年增加51%[10]。BOLD为专门收录生物*COI*序列的数据库，提供在线*COI*序列比对服务（图4-2）[7]。BOLD数据库的比对结果中，包括占少数的公开数据和占多数的未公开数据。只有公开数据可以下载*COI*序列及查看序列档案，而未公开数据仅用作物种鉴定的参考。BOLD根据数据库的*COI*进化树自动给数据库内的各*COI*序列赋予索引号（BOLD barcode index number，BIN）。与NCBI序列号（access number）不同的是，每个BIN对应一个亚种级别的分支，即近似的一组*COI*序列共用一个BIN。

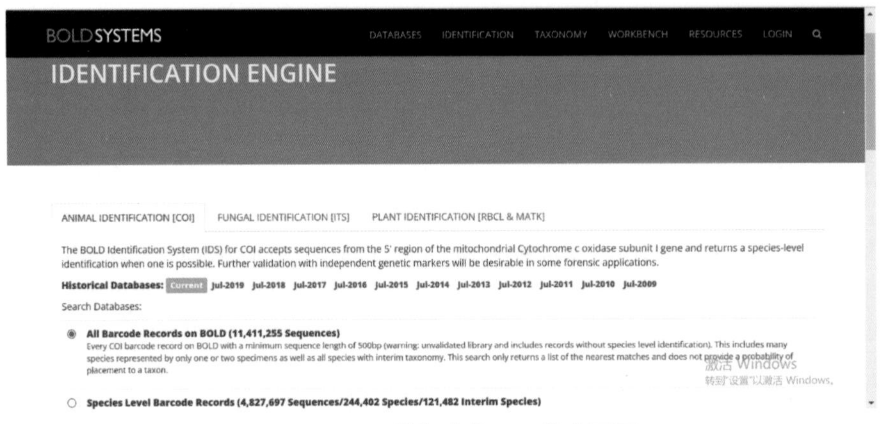

图4-2　BOLD数据库的*COI*鉴定页面

4.3 云南库蠓基因多样性

云南地处热带、亚热带地区，植物覆盖率高，水资源丰富，是库蠓的宜居地区。目前，在云南发现的库蠓至少有70种[11]，约占国内已知库蠓种类的1/5。其中分布较广且数量较多的库蠓包括*C. oxystoma*、*C. arakawai*、*C. sumatrae*、*C. orientalis*、*C. innoxius*、*C. palpifer*、*C. parahumeralis*、*C. punctatus*、*C. insignipennis*、*C. jacobsoni*、*C. obsoletus*等[12, 13]。

其中，基因多样性最显著的库蠓为一群主要分布在湿热地区，具有黄色胸部（绝大多数库蠓的胸部为棕色或黑色），翅纹理及其他形态特征高度相似的三囊亚属库蠓[12, 13]，由10种以上形态相似而基因差异显著的库蠓组成。

此外，按照*COI*序列的遗传进化分析，个别库蠓形态种具有多个亚种级别的分支。例如：*C. tainanus*至少有7个分支，而*C. innoxius*约有7个分支[5]。而分布广泛的*C. oxystoma*及*C. sumatrae*，虽然*COI*序列较为多样，但在进化树里分支单一[5]。

参考文献

[1]Anonymous. Database resources of the National Center for Biotechnology Information[J]. Nucleic Acids Res, 2018, 46(D1): D8-D13.

[2]Arnot D E, Roper C, Bayoumi R A. Digital codes from hypervariable tandemly repeated DNA sequences in the Plasmodium falciparum circumsporozoite gene can genetically barcode isolates[J]. Mol Biochem Parasitol, 1993, 61(1): 15-24.

[3]Chang Q Q, Jiang X H, Liu G P, et al. A species checklist of the subgenus *Culicoides* (*Avaritia*) in China, with a description of a new species (Diptera, Ceratopogonidae) [J]. Zookeys, 2017, 706(1): 117-135.

[4]Cook C E, Stroe O, Cochrane G, et al. The European Bioinformatics Institute in 2020: building a global infrastructure of interconnected data resources for the life sciences[J]. Nucleic Acids Res, 2020, 48(D1): D17-D23.

[5]Doris S M, Smith D R, Beamesderfer J N, et al. Universal and domain-specific sequences in 23S-28S ribosomal RNA identified by computational phylogenetics[J]. RNA, 2015, 21(10): 1719-1730.

[6]Duan Y L, Bellis G, Liu BG, et al. Diversity and seasonal abundance of *Culicoides* (Diptera, Ceratopogonidae) in Shizong County, Yunnan Province, China[J]. Parasite, 2022, 29: 26.

[7]Duan Y L, Bellis G, Yang Z X, et al. DNA barcoding and phylogenetic analysis of midges belonging to *Culicoides* (Diptera: Ceratopogonidae) subgenus *Hoffmania* in Yunnan, China[J]. J Asia-Pac Entomol, 2022, 25(4): 101989.

[8]Duan Y L, Li L, Bellis G, et al. Detection of bluetongue virus in *Culicoides* spp. in southern Yunnan Province, China[J]. Parasit Vectors, 2021, 14(1): 68.

[9]Fiser Pecnikar Z, Buzan E V. 20 years since the introduction of DNA barcoding: from theory to application[J]. J Appl Genet, 2014, 55(1): 43-52.

[10]Gillespie J J, Johnston J S, Cannone J J, et al. Characteristics of the nuclear (18S, 5.8S, 28S and 5S) and

mitochondrial (12S and 16S) rRNA genes of *Apis mellifera* (Insecta: Hymenoptera): structure, organization, and retrotransposable elements[J]. Insect Mol Biol, 2006, 15(5): 657-686.

[11]Kodama Y, Mashima J, Kosuge T, et al. DNA Data Bank of Japan: 30th anniversary[J]. Nucleic Acids Res, 2018, 46(D1): D30-D35.

[12] Miller S E, Hausmann A, Hallwachs W, et al. Advancing taxonomy and bioinventories with DNA barcodes[J]. Philos Trans R Soc Lond B Biol Sci, 2016, 371(1702): 20150339.

[13] Sarkar I N, Trizna M. The Barcode of Life Data Portal: bridging the biodiversity informatics divide for DNA barcoding[J]. PLoS One, 2011, 6(7): e14689.

第5章　库蠓传播病毒病及种群相关性

李占鸿

库蠓种类繁多、分布范围广泛，是一种极其重要的虫媒病毒传播媒介，可以传播大量人类、家畜和野生动物的虫媒病毒[1]。迄今为止，已从库蠓中分离鉴定50多种虫媒病毒，包括呼肠孤病毒科、布尼亚病毒科、披膜病毒科、黄病毒科、弹状病毒科等5科6属[2]（表5-1）。

表5-1　库蠓传播/携带虫媒病毒致病性、分布及媒介种类

病毒科属	病毒名称	致病性／流行区域	库蠓种类
呼肠孤病毒科 *Reoviridae* 环状病毒属 *Orbivirus*	非洲马瘟病毒（African horse sickness virus，AHSV）	马属动物，死亡率0%～90%，WOAH法定报告疫病/非洲、中东、南亚	*C. imicola**、*C. sonorensis*、*C. obsoletus**、*C. scoticus**
	蓝舌病毒（Bluetongue virus，BTV）	反刍动物，绵羊死亡率5%～30%，其他动物亚临床感染，WOAH法定报告疫病/除南极洲以外的所有大洲	*C. imicola**、*C. obsoletus**、*C. scoticus**、*C. chiopterus**、*C. pulicaris**、*C. dewulfi**、*C. punctatus**、*C. achrayi*、*C. milnei*、*C. variipennis*、*C. sonorensis**、*C. cockerellii*、*C. insignis**、*C. filarifer*、*C. trilineatus*、*C. furens*、*C. pusillus*、*C. brevitarsis**、*C. fulvus**、*C. orientalis*、*C. tainanus*、*C. jacobsoni*、*C. wadai**、*C. actoni**、*C. newsteadi**、*C. paolae*、*C. circumscriptus*
	流行性出血病病毒（Epizootic hemorrhagic disease virus，EHDV）	反刍动物，白尾鹿死亡率可达95%，其他动物亚临床感染，WOAH法定报告疫病/北美洲、南美洲、非洲、亚洲、大洋洲	*C. sonorensis**、*C. variipennis*、*C. brevitarsis*、*C. kingi*、*C. schultzei*、*C. insignis*、*C. obsoletus*、*C. scoticus*、*C. orientalis*
	中山病毒（Chuzan virus，CHUV）	反刍动物，母牛生产异常，新生犊牛积水性无脑、小脑发育不全/亚洲、非洲	*C. schultzei*、*C. oxystoma*、*C. arakawai*、*C. punctatus*
	马脑炎病毒（Equine encephalosis virus，EEV）	马属动物，死亡率0%～5%/非洲、中东、南亚	*C. imicola*、*C. bolitinos*、*C. leucostictus*、*C. magnus*、*C. zuluensis*

（续）

病毒科属	病毒名称	致病性／流行区域	库蠓种类
呼肠孤病毒科 *Reoviridae* 环状病毒属 *Orbivirus*	北澳蚊病毒（Eubenangee virus，EUBV）	袋鼠和牛，袋鼠塔马尔猝死综合征（Tammar sudden death syndrome TSDS）/澳大利亚	*C. variipennis*
	西藏环状病毒（Tibet orbivirus，TIBOV）	牛、山羊及猪，致病性尚不明确/中国、日本	*C. jacobsoni*、*C. tainanus*
	卡西欧村病毒（CSIRO village virus）	牛和绵羊，基本无致病性/澳大利亚	*C. oxystoma*、*C. brevitarsis*
	布宜普克里克病毒（Bunyip creek virus，BCV）	牛，基本无致病性/亚洲	*C. oxystoma*
	达阿格那病毒（D' Aguilar virus，DAGV）	牛，可能与犊牛先天畸形有关/亚洲	*C. brevitarsis*、*C. oxystoma*、*C. sumatrae*
	沃勒尔病毒（Wallal virus，WALV）	袋鼠，可致袋鼠失明/澳大利亚	*C. marksi*、*C. dycei*
	沃里戈病毒（Warrego virus，WARV）	袋鼠，可能会致袋鼠失明/澳大利亚	*C. marksi*、*C. dycei*
	马拉凯病毒（Marrakai virus）	从库蠓上分离获得，尚不明确是否感染动物/澳大利亚	*C. oxystoma*、*C. peregrinus*
呼肠孤病毒科 *Reoviridae* 东南亚十二节段病毒属 *Seadornavirus*	版纳病毒（Banna virus，BAV）	人、牛、猪，人感染导致发热与病毒性脑炎/亚洲、欧洲	*C. tainanus*
布尼亚病毒科 *Peribunyaviridae* 正布尼亚病毒属 *Orthobunyavirus*	奥罗普切病毒（Oropouche virus，OROV）	人、野生鸟类、啮齿类、树懒及非人灵长类动物，症状与登革热病毒感染类似，严重的可发展为脑膜炎或脑炎/美洲	*C. paraensis**、*C. sonorensis**
	施马伦贝格病毒（Schmallenberg Virus，SBV）	反刍动物，母畜繁殖障碍、新生牛羊出现积水性无脑症和先天性关节弯曲综合征（CASH），产奶量下降/欧洲	*C. obsoletus**、*C. imicola**、*C. dewulfi**、*C. chiopterus**、*C. scoticus**、*C. punctatus*、*C. nubeculosus*
	赤羽病毒（Akabane virus，AKAV）	反刍动物、马、猪、竹鼠等，母畜繁殖障碍、新生牛羊CASH/亚洲、欧洲、非洲	*C. brevitarsis*、*C. wadai*、*C. oxystoma*、*C. imicola*、*C. milnei*、*C. variipennis**、*C. nubeculosus*、*C. schultzei*、*C. longipennis*、*C. circumscriptus*

（续）

病毒科属	病毒名称	致病性／流行区域	库蠓种类
布尼亚病毒科 *Peribunyaviridae* 正布尼亚病毒属 *Orthobunyavirus*	梅恩君病毒（Main Drain virus，MDV）	马、绵羊，马脑脊髓炎、绵羊流产及胎儿畸形/美洲	*C. variipennis*、*C. nubeculosus*
	艾诺病毒（Aino virus，AINOV）	反刍动物，母畜流产、胎儿畸形、新生牛羊CASH/亚洲	*C. brevitarsis*、*C. oxystoma*
	舒尼病毒（Shuni virus，SHUV）	反刍动物、马，牛羊流产及胎儿畸形、马和牛脑炎/亚洲/非洲	*C. nubeculosus*、*C. sonorensis*
	沙门达病毒（Shamonda virus，SHAV）	牛，胎儿畸形、少数犊牛侧脑室增大和小脑发育不全/亚洲、非洲	库蠓种类未知
	萨苏伯里病毒（Sathuperi virus，SATV）	牛、绵羊，可能与母畜生产异常有关/亚洲	*C. imicola*、*C. oxystoma*
	皮通病毒（Peaton virus，PEAV）	牛、羊、马、猪，母牛生产异常和胎儿畸形/亚洲	*C. brevitarsis*、*C. imicola*、*C. oxystoma*、*C. puncticollis*
	桑戈病毒（Sango virus）	牛，致病性尚不明确/尼日利亚	库蠓种类未知
	萨博病毒（Sabo virus，SABOV）	牛、山羊，致病性尚不明确/非洲	*C. pallidipennis*
	蒂纳罗病毒（Tinaroo virus，TINV）	反刍动物，可能与牛和绵羊的生产异常有关/澳大利亚	*C. brevitarsis*
	洛肯恩病毒（Lokern virus，LOKV）	兔、马、牛、绵羊、犬，致病性尚不明确/美洲	*C. selfia*、*C. variipennis*
	巴顿威洛病毒（Buttonwillow virus）	兔、松鼠，基本无致病性/美国	*C. variipennis*
弹状病毒科 *Rhabdoviridae* 暂时热病毒属 *Ephemerovirus*	牛暂时热病毒（Bovine ephemeral fever virus，BEFV）	牛，俗称“三日热”，病死率约1%/非洲、亚洲	*C. schultzei*、*C. coarctatus*、*C. imicola*、*C. algecirensis*、*C. brevitarsis*、*C. arakawai*、*C. bedfordi*、*C. cornutus*、*C. kingi*、*C. nivosus*
	科通考讷病毒（Kotonkon virus）	人、牛、绵羊、刺猬、非洲巨颊囊鼠、马，短暂发热、厌食、流涕、跛行/澳大利亚	库蠓种类未知
	金伯利病毒（Kimberley virus，KIMV）	牛、山羊、马，基本无致病性/亚洲、非洲	*C. brevitarsis*
弹状病毒科 *Rhabdoviridae* 水疱性病毒属 *Vesiculovirus*	新泽西水疱性口炎病毒（Vesicular stomatitis New Jersey virus，VSNJV）	牛、猪、马、鹿，短期发热、大量流涎，其他症状与FMDV类似/美洲	*C. sonorensis**、*C. variipennis*、*C. stellifer*

（续）

病毒科属	病毒名称	致病性/流行区域	库蠓种类
弹状病毒科 *Rhabdoviridae* Hart Park 血清群	恩盖恩加病毒（Ngaingan virus，NGAV）	牛、袋鼠，致病性尚不明确/澳大利亚	*C. brevitarsis*
弹状病毒科 *Rhabdoviridae* Tibrogargan 血清群	蒂布鲁加尔冈病毒（Tibrogargan virus，TIBV）	牛，致病性尚不明确/澳大利亚	*C. brevitarsis*
披膜病毒科 *Togaviridae* 甲病毒属 *Alphavirus*	盖塔病毒（Getah virus，GETV）	人、马、猪、牛、羊、狐狸，人感染表现为发热，母猪生殖障碍，仔猪具有较高的死亡率/欧洲、亚洲	库蠓种类未知
黄病毒科 *Flaviviridae* 黄病毒属 *Flavivirus*	以色列火鸡脑膜炎病毒（Israel turkey meningoencephalomyelitis virus，ITV）	感染火鸡、鹧鸪、环颈野鸡、棕尾虹雉、黍鹀、斑鸠等，死亡率8%～50%/欧洲、非洲、亚洲	*C. imicola*

注：＊表示经实验证实可传播病毒的库蠓种类。

5.1 呼肠孤病毒科 *Reoviridae*

呼肠孤病毒科环状病毒属的多种病毒均以库蠓为重要传播媒介，包括非洲马瘟病毒、蓝舌病毒、流行性出血病病毒、中山病毒、马脑炎病毒、西藏环状病毒、北澳蚊病毒、卡西欧村病毒、布宜普克里克病毒、达阿格那病毒、沃勒尔病毒、沃里戈病毒和马拉凯病毒；东南亚十二节段病毒属的版纳病毒也可能以库蠓为传播媒介。

5.1.1 非洲马瘟病毒（African horse sickness virus，AHSV）

病毒分类：呼肠孤病毒科、环状病毒属。目前，共发现9种AHSV血清型（AHSV-1至AHSV-9）[3]。

感染动物：马属动物，包括马、驴、骡、斑马等，其中斑马是AHSV的野生动物储存宿主。

致病性：AHSV感染引起的典型临床症状可分为4种不同类型，即心型、肺型、心-肺混合型和发热型。其中，肺型为急性型，主要表现为急性高热、呼吸困难、剧烈咳嗽、鼻孔流出大量泡沫样液体，最后因窒息而死亡，死亡率可达90%；心型为亚急性型，又称水肿型，主要表现为发热、皮下水肿（头颞部、眶上窝、眼睑、嘴唇、面颊、舌部、下颌骨间、咽喉部）、肺水肿、心包积液、结膜和舌腹侧出血，部分病例还可出现吞咽困难，死亡率约为50%；心－肺混合型同时具有心型和肺型的临床特征，是最常见的临床症状，致死率约为70%；发热型病例则整体临床症状较轻，主要见于驴和斑马。AHS对全球的养马业构成严重威胁，为世界动物卫生组织（WOAH，曾称OIE）规定的通报疫病，我国将其列为进境动物检疫一类传染病[3-4]。

传播媒介：传播ASHV的库蠓种类包括*C. imicola*、*C. sonorensis*、*C. obsoletus*、*C. scoticus*[4]。

流行区域：AHSV主要在撒哈拉以南的非洲热带和亚热带地区流行。但是，疫情偶尔也会在北非、中东、阿拉伯半岛、南亚等地区暴发，并逐渐呈现出全球流行的趋势[4]。

5.1.2 蓝舌病毒（Bluetongue virus，BTV）

病毒分类：呼肠孤病毒科、环状病毒属。目前，世界范围内已确认了27种BTV血清型，并报道了9种潜在的新血清型BTV[5]。

感染动物：家养及野生反刍动物均可感染，其中绵羊最易感。

致病性：绵羊死亡率在5%～30%，主要病变特征为血管黏膜和皮肤组织出血、坏死、水肿、发热、跛行、口腔糜烂、溃疡等，但症状的严重程度取决于感染的BTV毒株、感染动物品种、群体免疫力及动物个体差异等因素；牛和山羊多为隐性感染，也有骆驼、美洲鹿、麋鹿、长角羚和野牛感染BTV的报道。WOAH已将BT列为法定报告的动物疫病，我国将其列为二类动物疫病[6-7]。

传播媒介：传播BTV的主要库蠓种类包括*C. imicola*、*C. obsoletus*、*C. scoticus*、*C. chiopterus*、*C. pulicaris*、*C. dewulfi*、*C. punctatus*、*C. achrayi*、*C. milnei*、*C. variipennis*、*C. sonorensis*、*C. cockerellii*、*C. insignis*、*C. filarifer*、*C. trilineatus*、*C. furens*、*C. pusillus*、*C. brevitarsis*、*C. fulvus*、*C. orientalis*、*C. tainanus*、*C. jacobsoni*、*C. wadai*、*C. actoni*、*C. newsteadi*、*C. paolae*、*C. circumscriptus*[8]。

流行区域：BTV的分布范围遍及除南极洲以外的所有大洲[5-8]。

5.1.3 流行性出血病病毒（Epizootic hemorrhagic disease virus，EHDV）

病毒分类：呼肠孤病毒科、环状病毒属。目前，世界范围内已认定了7种EHDV血清型（EHDV-1、EHDV-2、EHDV-4、EHDV-5、EHDV-6、EHDV-7、EHDV-8），并报道了3种假定新血清型[9-10]。

感染动物：可感染多种家养及野生反刍动物，其中白尾鹿和牛最易感。

致病性：白尾鹿感染EHDV出现的临床症状最为典型，表现为发热、厌食、口腔溃烂出血、呼吸困难、头部和颈部水肿，可能还会出现皮肤、心脏出血，死亡率可达90%。牛感染EHDV大多表现为亚临床症状，EHDV-1、EHDV-2、EHDV-6、EHDV-7型毒株被证实对牛有一定的致病性，其中EHDV-2型毒株感染可致牛死亡，在日本茨城县（Ibaraki）最先报道首个病例，因此EHDV-2型毒株感染牛引起的EHD又称茨城病（Ibaraki disease）。绵羊、山羊、骆驼等常为隐性感染[9-10]。

传播媒介：传播EHDV的库蠓种类包括*C. sonorensis*、*C. variipennis*、*C. brevitarsis*、*C. kingi*、*C. schultzei*、*C. insignis*、*C. obsoletus*、*C. scoticus*[10]。

流行区域：EHD主要流行于49° N—35° S之间的热带、亚热带及温带地区，北美洲、南美洲、非洲、亚洲、大洋洲均有EDHV的分离报道。WOAH将EHD列为法定报告的动物疫病[10]。

5.1.4 中山病毒（Chuzan virus，CHUV）

病毒分类：呼肠孤病毒科、环状病毒属、帕利亚姆血清群（Palyam serogroup orbiviruses），又名Kasba virus、Abadina virus、Kagoshima viruses[11]。

感染动物：牛、羊等反刍动物。

致病性：CHUV感染妊娠期母牛可导致流产、早产和死胎，引起新生犊牛的积水性无脑、小脑发育不全综合征[11-12]。

传播媒介：传播CHUV的库蠓种类有*C. schultzei*、*C. oxystoma*、*C. arakawai*、*C. punctatus*，其他种类的库蠓可能也传播CHUV[12]。

流行区域：亚洲、非洲，澳大利亚均有流行[12]。

5.1.5 马脑炎病毒（Equine Encephalosis virus，EEV）

病毒分类：呼肠孤病毒科、环状病毒属。目前共发现7种血清型（EEV-1至EEV-7）[13]。

感染动物：主要为马属动物，如马、驴、斑马等。

致病性：通常，EEV感染动物，仅出现轻度或亚临床症状，表现为短暂发热、厌食、水肿（颈部、腿部、嘴唇和眼睑）、脉搏和呼吸频率加快、中枢神经系统症状（共济失调、僵硬、抽搐）、流产、黏膜炎、脑炎、肠炎、心力衰竭、肝损伤及黄疸等，病死率低（0%～5%）。

传播媒介：传播EEV的库蠓种类包括*C. imicola*、*C. bolitinos*、*C. leucostictus*、*C. magnus*和*C. zuluensis*[13]。

流行区域：EEV在南非、东非（埃塞俄比亚）、中东（以色列）、南亚（印度），冈比亚、加纳等区域流行[13]。

5.1.6 西藏环状病毒（Tibet orbivirus，TIBOV）

病毒分类：呼肠孤病毒科、环状病毒属。目前共发现有6种血清型（TIBOV-1至TIBOV-6）[14]。

感染动物：黄牛、水牛、山羊、猪等家畜[14]。

致病性：对乳鼠有较强的致病性，暂无对其他动物致病性的报道。

传播媒介：TIBOV的潜在传播媒介有多斑按蚊以及库蠓*C. jacobsoni*、*C. tainanus*[15]。

流行区域：在中国（TIBOV-1、TIBOV-2、TIBOV-5、TIBOV-6）及日本（TIBOV-3、TIBOV-4）流行[14]

5.1.7 北澳蚊病毒（Eubenangee virus，EUBV）

病毒分类：呼肠孤病毒科、环状病毒属[16]。

感染动物：易感动物为袋鼠，血清学调查结果证实牛也可感染。

致病性：袋鼠感染EUBV，可能在发病后12h内突然死亡，又称塔马尔猝死综合征（TSDS），多数动物感染后无明显症状，少部分动物呼吸急促、精神沉郁、肌肉痉挛，剖检可见肺充血、全身出血、后肢和腹股沟区域的皮下水肿等，并在死亡后短时间内发生组织自溶[16-17]。

传播媒介：可传播EUBV的库蠓种类为*C. variipennis*，其他种类的库蠓和蚊子也可能是EUBV的传播媒介[17]。

流行区域：目前仅在澳大利亚有该病毒的报道。

5.1.8 卡西欧村病毒（CSIRO village virus）

病毒种属：呼肠孤病毒科、环状病毒属、帕利亚姆血清群[18]。

感染动物：黄牛、水牛、绵羊等反刍动物[18]。

致病性：基本无致病性。

传播媒介：CSIRO的潜在传播媒介有*C. oxystoma*、*C. brevitarsis*[19]。

流行区域：目前仅在澳大利亚有该病毒的报道。

5.1.9 布宜普克里克病毒（Bunyip creek virus，BCV）

病毒种属：呼肠孤病毒科、环状病毒属、帕利亚姆血清群[20]。

感染动物：牛。

致病性：尚不清楚。

传播媒介：潜在传播媒介为*C. oxystoma*[20]。

流行区域：澳大利亚、日本、中国。

5.1.10 达阿格那病毒（D’Aguilar virus，DAGV）

病毒分类：呼肠孤病毒科、环状病毒属、帕利亚姆血清群[20]。

感染动物：牛。

致病性：可能与犊牛先天畸形有关。

传播媒介：潜在传播媒介为*C. brevitarsis*、*C. oxystoma*、*C. sumatrae*[21]。

流行区域：日本、澳大利亚、中国。

5.1.11 沃勒尔病毒（Wallal virus，WALV）

病毒分类：呼肠孤病毒科、环状病毒属[22]。

感染动物：袋鼠。

致病性：可导致袋鼠失明，典型病理变化特征为视网膜变性、视网膜炎和脉络膜炎[22-23]。

流行区域：澳大利亚。

传播媒介：潜在传播媒介为*C. marksi*、*C. dycei*[22]。

5.1.12 沃里戈病毒（Warrego virus，WARV）

病毒分类：呼肠孤病毒科、环状病毒属[24]。

感染动物：袋鼠。

致病性：WARV可能导致袋鼠眼部病变，但致病性比WALV弱[22-23]。

传播媒介：潜在传播媒介为*C. marksi*、*C. dycei*[22]。

流行区域：澳大利亚。

5.1.13 马拉凯病毒（Marrakai virus）

病毒分类：呼肠孤病毒科、环状病毒属[25]。

感染动物：目前仅从库蠓*C. oxystoma*、*C. peregrinus*上分离到，是否感染动物及对动物的致病性尚不清楚。

传播媒介：潜在传播媒介为库蠓*C. oxystoma*、*C. peregrinus*[26]。

流行区域：澳大利亚。

5.1.14 版纳病毒（Banna virus，BAV）

病毒分类：呼肠孤病毒科、东南亚十二节段病毒属。分4种基因型（A1、A2、B和C）[27]。

感染动物：人、猪、牛。

致病性：BAV感染人可能会导致发热与病毒性脑炎，对其他动物的致病性未见报道[27]。

传播媒介：潜在传播媒介包括多种蚊、库蠓*C. tainanus*和蜱[28]。

流行区域：中国、印度尼西亚、越南、老挝、韩国、匈牙利。

5.2 布尼亚病毒科 *Bunyaviridae*

布尼亚病毒科正布尼亚病毒属的多种病毒以库蠓为传播媒介，包括：奥罗普切病毒、施马伦贝格病毒、赤羽病毒、梅恩君病毒、艾诺病毒、舒尼病毒、沙门达病毒、萨苏伯里病毒、皮通病毒、桑戈病毒、萨博病毒、蒂纳罗病毒、洛肯恩病毒、巴顿威洛病毒[29]。

5.2.1 奥罗普切病毒（Oropouche virus，OROV）

病毒分类：布尼亚病毒科、正布尼亚病毒属、辛波（Simbu）血清群[30]。

感染动物：人、野生鸟类、啮齿类、树懒及非人灵长类动物。

致病性：OROV感染是一种自限性疾病，症状与登革热病毒感染类似，主要包括发热、头痛、肌肉疼痛、关节痛、头晕、恶心、呕吐、畏光，躯干和手臂有自发性出血点，严重时可发展为脑膜炎或脑炎，一般不致死[30]。

传播媒介：主要的传播库蠓为*C. paraensis*，*C. sonorensis*也具有潜在的传播能力[31]。

流行区域：主要在中美洲（巴拿马、特立尼达、多巴哥）及南美洲（巴西、秘鲁、阿根廷、玻利维亚、哥伦比亚、厄瓜多尔、委内瑞拉）的多个国家流行[30]。

5.2.2 施马伦贝格病毒（Schmallenberg Virus，SBV）

病毒分类：布尼亚病毒科、正布尼亚病毒属、辛波血清群[32]。

感染动物：牛、绵羊、山羊、鹿、羊驼等多种反刍动物[32-33]。

致病性：成年动物感染SBV通常表现为亚临床症状，但是妊娠期的绵羊和山羊感染，可经胎盘传播感染胎儿，导致新生羊出现积水性无脑症和先天性关节弯曲综合征（congenital arthrogryposis-hydranencephaly syndrome，CASH）。奶牛感染SBV可能会产生发热、厌食、腹泻及产奶量下降（约50%），但发生生产异常的情况少见[32-33]。

传播媒介：SBV的传播媒介为库蠓，包括：*C. obsoletus*、*C. imicola*、*C. dewulfi*、*C. chiopterus*、*C. scoticus*、*C. punctatus*、*C. nubeculosus*[33]。

流行区域：目前，SBV主要在欧洲流行，包括德国、荷兰、比利时、丹麦、卢森堡、法国、英国、爱尔兰、西班牙、意大利、瑞士、奥地利、捷克、匈牙利、斯洛文尼亚、克罗地亚、塞尔维亚、波兰、拉脱维亚、爱沙尼亚、芬兰、瑞典、挪威，俄罗斯的中欧地区[33]。

5.2.3 赤羽病毒（Akabane virus，AKAV）

病毒分类：布尼亚病毒科、正布尼亚病毒属、辛波血清群[29]。

感染动物：牛、绵羊、山羊、骆驼、马、猪、羚羊、竹鼠等。

致病性：非妊娠动物感染AKAV无明显临床症状，但妊娠期的牛、山羊、绵羊感染后，会发生流产、早产、死胎，同时AKAV还可通过胎盘垂直传播感染胎儿，侵害胎儿的中枢神经系统，导致新生牛、羊出现积水性无脑症和先天性关节弯曲综合征（CASH）等[34]。

传播媒介：传播AKAV的库蠓种类有*C. brevitarsis*、*C. wadai*、*C. oxystoma*、*C. imicola*、*C. milnei*、*C. variipennis*、*C. nubeculosus*、*C. schultzei*、*C. longipennis*、*C. circumscriptus*[34]。

流行区域：流行于热带、亚热带及温带地区，中国、日本、韩国、印度尼西亚、澳大利亚、塞浦路斯、以色列、阿曼等国家，非洲都有AKAV的分离报道。

5.2.4 梅恩君病毒（Main Drain virus，MDV）

病毒分类：布尼亚病毒科、正布尼亚病毒属[35]。

感染动物：马、绵羊。

致病性：感染马导致脑脊髓炎，感染妊娠期绵羊则可导致流产及胎儿畸形。

传播媒介：确定可传播MDV的库蠓种类为*C. variipennis*、*C. nubeculosus*[36]。

流行区域：目前仅在美国有报道。

5.2.5 艾诺病毒（Aino virus，AINOV）

病毒分类：布尼亚病毒科、正布尼亚病毒属、辛波血清群[29]。

感染动物：牛、羊等反刍动物。

致病性：母畜流产，胎儿畸形，新生牛、羊出现积水性无脑症和先天性关节弯曲综合征（CASH）。

传播媒介：可传播AINOV的库蠓种类有*C. brevitarsis*、*C. oxystoma*，其他种类的库蠓也是潜在的传播媒介[37]。

流行区域：日本、韩国、澳大利亚。

5.2.6 舒尼病毒（Shuni virus，SHUV）

病毒分类：布尼亚病毒科、正布尼亚病毒属、辛波血清群[38]。

感染动物：牛、绵羊、山羊及马。

致病性：妊娠期的牛、羊感染可能会发生流产及胎儿畸形；马及牛感染可能还会出现严重的神经系统疾病（脑炎），并最终导致死亡[37]。

传播媒介：具有传播SHUV潜力的库蠓种类有*C. nubeculosus*、*C. sonorensis*[39]。

流行区域：亚洲，澳大利亚及部分非洲国家。

5.2.7 沙门达病毒（Shamonda virus，SHAV）

病毒分类：布尼亚病毒科、正布尼亚病毒属、辛波血清群[40]；

感染动物：牛。

致病性：感染妊娠期母牛可导致胎儿畸形，表现为头部畸形、斜颈、腿部关节挛缩、脊柱弯曲，少数犊牛还会出现侧脑室增大和小脑发育不全[41]。

传播媒介：具有传播SHAV潜力的库蠓种类有C. *imicola*[40]。

流行区域：尼日利亚、日本、韩国。

5.2.8 萨苏伯里病毒（Sathuperi virus，SATV）

病毒分类：布尼亚病毒科、正布尼亚病毒属、辛波血清群[40]。

感染动物：牛、绵羊。

致病性：目前没有关于SATV致病性的明确报道，可能与母畜生产异常有关[40]。

传播媒介：潜在传播媒介是库蠓，包括*C. imicola*、*C. oxystoma*[42]。

流行区域：印度、日本、韩国和以色列。

5.2.9 皮通病毒（Peaton virus，PEAV）

病毒分类：布尼亚病毒科、正布尼亚病毒属、辛波血清群[43]。

感染动物：牛、绵羊、山羊、水牛、马和猪。

致病性：感染妊娠期母牛可导致流产、死产、早产及胎儿畸形，表现为腿部关节挛缩、脊柱弯曲、小脑发育不全、脑积水、头部畸形、失明。对其他动物的致病性尚无报道[43]。

传播媒介：PEAV的传播媒介可能为*C. brevitarsis*、*C. imicola*、*C. oxystoma*、*C. puncticollis*[42]。

流行区域：澳大利亚、日本、韩国、以色列。

5.2.10 桑戈病毒（Sango virus）

病毒分类：布尼亚病毒科、正布尼亚病毒属、辛波血清群[44]。

感染动物：牛。

致病性：尚不明确。
传播媒介：可能为库蠓，但具体种类尚不明确。
流行区域：尼日利亚。

5.2.11 萨博病毒（Sabo virus，SABOV）

病毒分类：布尼亚病毒科、正布尼亚病毒属、辛波血清群[45]。
感染动物：牛、山羊[46]。
致病性：可致死干扰素缺失小鼠，但对牛、羊是否具有致病性尚不明确。
传播媒介：潜在传播媒介为*C. pallidipennis*[45]。
流行区域：尼日利亚、坦桑尼亚。

5.2.12 蒂纳罗病毒（Tinaroo virus，TINV）

病毒分类：布尼亚病毒科、正布尼亚病毒属、阿卡斑病毒群、蒂纳罗病毒亚种[46]。
感染动物：黄牛、水牛、山羊、绵羊、鹿等多种反刍动物[47-48]。
致病性：尚不明确，可能与牛和绵羊的生产异常相关。
传播媒介：潜在传播媒介为*C. brevitarsis*[47-48]。
流行区域：澳大利亚。

5.2.13 洛肯恩病毒（Lokern virus，LOKV）

病毒分类：布尼亚病毒科、正布尼亚病毒属、布尼亚韦拉病毒群、洛肯恩病毒亚种[49]。
感染动物：家兔、野兔、马、牛、绵羊、犬等多种动物[50]。
致病性：尚不明确。
传播媒介：潜在传播媒介为*C. selfia*、*C. variipennis*[49]。
流行区域：美国及墨西哥。

5.2.14 巴顿威洛病毒（Buttonwillow virus）

病毒分类：布尼亚病毒科、正布尼亚病毒属[51]。
感染动物：部分啮齿类动物，如兔科动物（*Lepus californicus*、*Sylvilagus auduboni*）和松鼠科动物（*Ammospermophilus nelsoni*、*Citellus beecheyi*）[51]。
致病性：基本无致病性。
传播媒介：库蠓*C. variipennis*[51]。
流行区域：美国。

5.3 披膜病毒科 *Togaviridae*

盖塔病毒（Getah virus，GETV）

病毒分类：披膜病毒科、甲病毒属[52]。

感染动物：人、马、家猪、野猪、牛、绵羊、山羊、狐狸[52]。

致病性：GETV对人具有一定的潜在致病性，患者主要表现为发热，但是否具有其他致病性尚不明确。马感染GETV的主要临床症状表现为发热、皮疹、四肢水肿、淋巴结肿大。仔猪感染后表现为抑郁、腹泻、共济失调（颤抖、后肢麻痹），具有较高的死亡率，母猪感染后还会导致流产、死产、产木乃伊胎等生殖障碍。牛感染后通常无明显临床症状，可能表现出轻微发热、食欲缺乏。狐狸感染后表现为发热、厌食、抑郁及神经症状，甚至会导致死亡。野猪感染则表现为发热、厌食和抑郁[52]。

传播媒介：蚊子及库蠓，但具体种类尚不明确[53]。

流行区域：俄罗斯、蒙古、中国、韩国、日本、泰国、澳大利亚、印度、菲律宾、斯里兰卡、柬埔寨、越南[54]。

5.4 黄病毒科 *Flaviviridae*

以色列火鸡脑膜炎病毒（Israel turkey meningoencephalomyelitis virus，ITV）

病毒分类：黄病毒科、黄病毒属。与Bagaza virus（BAGV）为同一种病毒[55]。

感染动物：多种鸟类，包括火鸡、红脚鹧鸪、灰鹧鸪、环颈野鸡、棕尾虹雉、黍鹀、斑鸠等，家鸡和鸭不易感[54]。

致病性：临床症状以神经症状为主，表现为渐进性麻痹、定向障碍、共济失调，病理检测可见脑膜脑炎、心肌炎、肝脏和脾脏含铁血红素沉着等，死亡率在8%（环颈野鸡）至50%（火鸡）[56]。

传播媒介：主要为蚊子，库蠓*C. imicola*也是其潜在传播媒介[57]。

流行区域：主要在以色列、中非、喀麦隆、毛里塔尼亚、塞内加尔、印度、西班牙等国家以及南非流行。

5.5 弹状病毒科 *Rhabdoviridae*

5.5.1 新泽西水疱性口炎病毒（Vesicular stomatitis New Jersey virus，VSNJV）

病毒分类：弹状病毒科、水疱病毒属[58]。

感染动物：牛、猪、马、鹿等多种动物。

致病性：VSNJV引起的症状与口蹄疫病毒（FMDV）、猪水疱疹病毒（Vesicular exanthema of swine virus，VESV）、猪水疱病病毒（Swine vesicular disease virus，SVDV）导致的症状相似，表现为短期发热，大量流涎，口、鼻、乳头皮肤及蹄冠部皮肤出现水疱及糜烂。为WOAH规定的通报疫病[58]。

传播媒介：白蛉、蚊、蚋和库蠓*C. sonorensis*、*C. variipennis*、*C. stellifer*[59]。

流行区域：主要在美洲国家流行，包括美国、加拿大、墨西哥、巴拿马、哥伦比亚、委内瑞拉、厄瓜多尔、秘鲁等[60]。

5.5.2 牛流行热病毒（Bovine ephemeral fever virus，BEFV）

病毒分类：弹状病毒科、暂时热病毒属[61]。

感染动物：奶牛、黄牛、水牛等。

致病性：短暂高热，因此又被称为“三日热”“暂时热”，同时伴有呼吸道症状、水肿、厌食、流涎、关节痛、肌肉震颤、运动障碍。奶牛感染后可导致产奶量突然严重下降（降幅可达80%），还可导致公牛精液品质下降；病死率约为1%，流产率约为3%[61]。

传播媒介：传播BEFV的库蠓种类包括*C. schultzei*、*C. coarctatus*、*C. imicola*、*C. algecirensis*、*C. brevitarsis*、*C. arakawai*、*C. bedfordi*、*C. cornutus*、*C. kingi*、*C. nivosus*[62]。

流行区域：非洲，中东、南亚、东南亚等地区以及澳大利亚均有BEF流行[61]。

5.5.3 科通考讷病毒（Kotonkan virus，KOTV）

病毒分类：弹状病毒科、暂时热病毒属[63]。

感染动物：人、牛、绵羊、刺猬、非洲巨颊囊鼠、马等多种动物[64]。

致病性：感染牛引起的症状与BEFV引起的症状相似，表现为短暂发热、厌食、流鼻涕、跛行，死亡率低，对人及其他动物的致病性尚不明确[64]。

传播媒介：潜在传播媒介为库蠓，但具体种类未知[64]。

流行区域：目前仅在尼日利亚有该病毒的报道。

5.5.4 金伯利病毒（Kimberley virus，KIMV）

病毒分类：弹状病毒科、暂时热病毒属[65]。

感染动物：牛、山羊、马[66]。

致病性：对动物基本没有致病性。

传播媒介：潜在传播媒介为库蠓*C. brevitarsis*[66]。

流行区域：澳大利亚、印度尼西亚、巴布亚新几内亚、中国[66]。

5.5.5 恩盖恩加病毒（Ngaingan virus，NGAV）

病毒分类：弹状病毒科，尚未确定进一步分类，暂定为Hart Park血清群[67]。

感染动物：牛、袋鼠[67]。

致病性：尚不明确。

传播媒介：潜在传播媒介为库蠓*C. brevitarsis*[68]。

流行区域：仅在澳大利亚有报道。

5.5.6 蒂布鲁加尔冈病毒（Tibrogargan virus，TIBV）

病毒分类：弹状病毒科，尚未确定进一步分类，暂定为Tibrogargan血清群[69-70]。

感染动物：黄牛、水牛[69]。

致病性：暂未发现。

传播媒介：潜在传播媒介为库蠓*C. brevitarsis*[70]。

流行区域：澳大利亚。

参考文献

[1] Hubálek Z, Rudolf I, Nowotny N. Arboviruses pathogenic for domestic and wild animals[J]. Adv Virus Res, 2014, 89:201-275.

[2] Mellor P S, Boorman J, Baylis M. *Culicoides* biting midges: their role as arbovirus vectors[J]. Annu Rev Entomol, 2000,45:307-340.

[3] WOAH 2019. WOAH Terrestrial manual, African horse sickness (Infection with African horse sickness virus).

[4] Carpenter S, Mellor P S, Fall A G, et al. African horse sickness virus: history, transmission, and current status[J]. Annu Rev Entomol, 2017,62:343-358.

[5] Ries C, Vögtlin A, Hüssy D, et al. Putative novel atypical BTV serotype '36' identified in small ruminants in Switzerland[J]. Viruses, 2021, 13(5):721.

[6] WOAH 2021. WOAH Terrestrial manual, Bluetongue (infection with bluetongue virus).

[7] McGregor B L, Shults P T, McDermott E G. A review of the vector status of North American *Culicoides* (Diptera: Ceratopogonidae) for bluetongue virus, epizootic hemorrhagic disease virus, and other arboviruses of concern[J]. Curr Trop Med Rep, 2022,9(4):130-139.

[8] Purse B V, Carpenter S, Venter G J, et al. Bionomics of temperate and tropical *Culicoides* midges: knowledge gaps and consequences for transmission of *Culicoides*-borne viruses[J]. Annu Rev Entomol, 2015,60:373-392.

[9] WOAH 2021. WOAH Terrestrial manual, Epizootic haemorrhagic disease (infection with epizootic hemorrhagic disease virus).

[10] McGregor B L, Sloyer K E, Sayler K A, et al. Field data implicating *Culicoides stellifer* and *Culicoides venustus* (Diptera: Ceratopogonidae) as vectors of epizootic hemorrhagic disease virus[J]. Parasit Vectors, 2019, 12(1):258.

[11] Hwang J M, Ga Y J, Yeh J Y. Seroprevalence and epidemiological risk factors for Kasba virus among sheep and goats in South Korea: A nationwide retrospective study[J]. J Vet Res,2022,66(3):325-331.

[12] Yanase T, Murota K, Hayama Y. Endemic and emerging arboviruses in domestic ruminants in East Asia[J]. Front Vet Sci, 2020,7:168.

[13] Tirosh-Levy S, Steinman A. Equine encephalosis virus[J]. Animals (Basel), 2022,12(3):337.

[14] Li Z, Li Z, Yang Z, et al. Isolation and characterization of two novel serotypes of Tibet orbivirus from *Culicoides* and sentinel cattle in Yunnan Province of China[J]. Transbound Emerg Dis, 2022, 69(6):3371-3387.

[15] Duan Y L, Yang Z X, Bellis G, et al. Isolation of Tibet orbivirus from *Culicoides jacobsoni* (Diptera, Ceratopogonidae) in China[J]. Parasit Vectors, 2021,14(1):432.

[16] Rose K A, Kirkland P D, Davis R J, et al. Epizootics of sudden death in tammar wallabies (*Macropus eugenii*) associated with an orbivirus infection[J]. Aust Vet J, 2012,90(12):505-509.

[17] Mellor P S, Jennings M. Replication of eubenangee virus in *Culicoides nuberculosus* (Mg.) and *Culicoides variipennis* (Coq.) [J]. Arch Virol, 1980,63(3-4):203-208.

[18] Cybinski D H, St George T D. Preliminary characterization of D' Aguilar virus and three Palyam group viruses new to Australia[J]. Aust J Biol Sci, 1982, 35(3): 343-351.

[19] Standfast H A, Dyce A L, St George T D, et al. Isolation of arboviruses from insects collected at Beatrice Hill, Northern Territory of Australia, 1974-1976[J]. Aust J Biol Sci, 1984,37(5-6):351-366.

[20] Kato T, Shirafuji H, Tanaka S, et al. Bovine arboviruses in *Culicoides* biting midges and sentinel cattle in Southern Japan from 2003 to 2013[J]. Transbound Emerg Dis, 2016,63(6): e160-e172.

[21] Yanase T, Kato T, Kubo T, et al. Isolation of bovine arboviruses from *Culicoides* biting midges (Diptera: Ceratopogonidae) in southern Japan: 1985—2002[J]. J Med Entomol, 2005, 42(1):63-67.

[22] Reddacliff L, Kirkland P, Philbey A, et al. Experimental reproduction of viral chorioretinitis in kangaroos[J]. Aust Vet J, 1999 ,77(8):522-528.

[23] Hooper P T, Lunt R A, Gould A R, et al. Epidemic of blindness in kangaroos-evidence of a viral aetiology[J]. Aust Vet J, 1999,77(8):529-536.

[24] Belaganahalli M N, Maan S, Maan N S, et al. Full genome characterization of the *Culicoides*-borne marsupial orbiviruses: Wallal virus, Mudjinbarry virus and Warrego viruses[J]. PLoS One, 2014 ,9(10): e108379.

[25] Standfast H A, Dyce A L, St George T D, et al. Isolation of arboviruses from insects collected at Beatrice Hill, Northern Territory of Australia, 1974-1976[J]. Aust J Biol Sci, 1984, 37(5-6):351-366.

[26] Yamakawa M, Ohashi S, Kanno T, et al. Genetic diversity of RNA segments 5, 7 and 9 of the Palyam serogroup orbiviruses from Japan, Australia and Zimbabwe[J]. Virus Res, 2000,68(2):145-153.

[27] Liu H, Li M H, Zhai Y G, et al. Banna virus, China, 1987-2007[J]. Emerg Infect Dis, 2010,16(3):514-517.

[28] Duan Y, Yang Z, Bellis G, et al. Full genome sequencing of three *Sedoreoviridae* viruses isolated from *Culicoides* spp. (Diptera, Ceratopogonidae) in China[J]. Viruses, 2022,14(5):971.

[29] WOAH 2022. WOAH Terrestrial manual, Bunyaviral diseases of animals (excluding Rift Valley fever and Crimean-Congo haemorrhagic fever).

[30] Sakkas H, Bozidis P, Franks A, et al. Oropouche fever: A review[J]. Viruses, 2018,10(4):175.

[31] McGregor B L, Connelly C R, Kenney J L. Infection, dissemination, and transmission potential of North American *Culex quinquefasciatus*, *Culex tarsalis,* and *Culicoides sonorensis* for Oropouche virus[J]. Viruses, 2021,13(2):226.

[32] WOAH 2017. WOAH Technical factsheet, Schmallenberg virus.

[33] Lievaart-Peterson K, Luttikholt S, Peperkamp K, et al. Schmallenberg disease in sheep or goats: Past, present and future[J]. Vet Microbiol, 2015, 181(1-2):147-153.

[34] Dağalp S B, Dik B, Doğan F, et al. Akabane virus infection in Eastern Mediterranean Region in Turkey: *Culicoides* (Diptera: Ceratopogonidae) as a possible vector[J]. Trop Anim Health Prod, 2021,53(2):231.

[35] Johnson G D, Bahnson C S, Ishii P, et al. Monitoring sheep and *Culicoides* midges in Montana for evidence of Bunyamwera serogroup virus infection[J]. Vet Rec Open, 2014,1(1): e000071.

[36] Mellor P S, Boorman J, Loke R. The multiplication of main drain virus in two species of *Culicoides* (Diptera,

Ceratopogonidae) [J]. Arch Gesamte Virusforsch, 1974,46(1-2):105-110.

[37] Yanase T, Murota K, Hayama Y. Endemic and emerging arboviruses in domestic ruminants in East Asia[J]. Front Vet Sci, 2020, 7:168.

[38] Steyn J, Motlou P, van Eeden C, et al. Shuni virus in wildlife and nonequine domestic animals, South Africa[J]. Emerg Infect Dis, 2020,26(7):1521-1525.

[39] Möhlmann T W R, Oymans J, Wichgers Schreur P J, et al. Vector competence of biting midges and mosquitoes for Shuni virus[J]. PLoS Negl Trop Dis, 2019,13(2): e0006609.

[40] Jun K, Yanaka T, Lee K K, et al. Seroprevalence of bovine arboviruses belonging to genus Orthobunyavirus in South Korea[J]. J Vet Med Sci, 2018,80(10): 1619-1623.

[41] Hirashima Y, Kitahara S, Kato T, et al. Congenital malformations of calves infected with Shamonda virus, Southern Japan[J]. Emerg Infect Dis, 2017,23(6):993-996.

[42] Behar A, Rot A, Lavon Y, et al. Seasonal and spatial variation in *Culicoides* community structure and their potential role in transmitting Simbu serogroup viruses in Israel[J]. Transbound Emerg Dis, 2020,67(3):1222-1230.

[43] Matsumori Y, Aizawa M, Sakai Y, et al. Congenital abnormalities in calves associated with Peaton virus infection in Japan[J]. J Vet Diagn Invest, 2018 ,30(6): 855-861.

[44] Causey O R, Kemp G E, Causey C E, et al. Isolations of Simbu-group viruses in Ibadan, Nigeria 1964-69, including the new types Sango, Shamonda, Sabo and Shuni[J]. Ann Trop Med Parasitol, 1972, 66(3):357-362.

[45] Lee V H. Isolation of viruses from field populations of *Culicoides* (Diptera: Ceratopogonidae) in Nigeria[J]. J Med Entomol, 1979,16(1):76-79.

[46] Mathew C, Klevar S, Elbers A R, et al. Detection of serum neutralizing antibodies to Simbu sero-group viruses in cattle in Tanzania[J]. BMC Vet Res, 2015,11:208.

[47] St George T D, Cybinski D H, Filippich C, et al. The isolation of three Simbu group viruses new to Australia[J]. Aust J Exp Biol Med Sci, 1979,57(6):581-582.

[48] Cybinski D H. Douglas and Tinaroo viruses: two Simbu group arboviruses infecting *Culicoides* brevitarsis and livestock in Australia[J]. Aust J Biol Sci, 1984, 37(3):91-97.

[49] Kramer W L, Jones R H, Holbrook F R, et al. Isolation of arboviruses from *Culicoides* midges (Diptera: Ceratopogonidae) in Colorado during an epizootic of vesicular stomatitis New Jersey[J]. J Med Entomol, 1990,27(4):487-493.

[50] Laredo-Tiscareño S V, Garza-Hernandez J A, Rodríguez-Alarcón C A, et al. Detection of Antibodies to Lokern, Main Drain, St. Louis Encephalitis, and West Nile viruses in vertebrate animals in Chihuahua, Guerrero, and Michoacán, Mexico[J]. Vector Borne Zoonotic Dis, 2021,21(11):884-891.

[51] Hardy J L, Lyness R N, Rush W A. Experimental vector and wildlife host ranges of buttonwillow virus in Kern County, California[J]. Am J Trop Med Hyg, 1972,21(2):100-109.

[52] Lu G, Chen R, Shao R, et al. Getah virus: An increasing threat in China[J]. J Infect, 2020,80(3):350-371.

[53] 董佩，李楠，何于雯，等. 库蠓中盖塔病毒的分离及其分子鉴定[J]. 中华实验和临床病毒学杂志，2017, 31(5):4.

[54] Shi N, Qiu X, Cao X, et al. Molecular and serological surveillance of Getah virus in the Xinjiang Uygur Autonomous Region, China, 2017-2020[J]. Virol Sin, 2022,37(2):229-237.

[55] Fernández-Pinero J, Davidson I, Elizalde M, et al. Bagaza virus and Israel turkey meningoencephalomyelitis virus are a single virus species[J]. J Gen Virol, 2014,95(Pt 4):883-887.

[56] Cano-Gómez C, Llorente F, Pérez-Ramírez E, et al. Experimental infection of grey partridges with Bagaza virus: pathogenicity evaluation and potential role as a competent host[J]. Vet Res, 2018,49(1):44.

[57] Behar A, Rot A, Altory-Natour A, et al. A two-branched upgrade to demonstrate ITV transmission by blood-sucking insects[J]. J Virol Methods, 2021, 296:114229.

[58] WOAH 2022. WOAH Terrestrial manual, Vesicular stomatitis.

[59] Rozo-Lopez P, Pauszek S J, Velazquez-Salinas L, et al. Comparison of endemic and epidemic vesicular stomatitis virus lineages in *Culicoides sonorensis* midges[J]. Viruses,2022,14(6):1221.

[60] McGregor B L, Rozo-Lopez P, Davis T M, et al. Detection of vesicular stomatitis virus Indiana from insects collected during the 2020 outbreak in Kansas, USA[J]. Pathogens, 2021,10(9):1126.

[61] Lee F. Bovine ephemeral fever in Asia: Recent status and research gaps[J]. Viruses,2019,11(5):412.

[62] Stokes J E, Darpel K E, Gubbins S, et al. Investigation of bovine ephemeral fever virus transmission by putative dipteran vectors under experimental conditions[J]. Parasit Vectors, 2020,13(1):597.

[63] Kemp G E, Lee V H, Moore D L, et al. Kotonkan, a new rhabdovirus related to Mokola virus of the rabies serogroup[J]. Am J Epidemiol, 1973,98(1):43-49.

[64] Blasdell K R, Voysey R, Bulach D, et al. Kotonkan and Obodhiang viruses: African ephemeroviruses with large and complex genomes[J]. Virology, 2012, 425(2): 143-153.

[65] Zakrzewski H, Cybinski D H. Isolation of Kimberley virus, a rhabdovirus, from *Culicoides brevitarsis*[J]. Aust J Exp Biol Med Sci, 1984,62 (Pt 6):779-780.

[66] Blasdell K R, Voysey R, Bulach D M, et al. Malakal virus from Africa and Kimberley virus from Australia are geographic variants of a widely distributed ephemerovirus[J]. Virology, 2012, 433(1): 236-244.

[67] Gubala A, Davis S, Weir R, et al. Ngaingan virus, a macropod-associated rhabdovirus, contains a second glycoprotein gene and seven novel open reading frames[J]. Virology, 2010,399(1):98-108.

[68] Doherty R L, Carley J G, Standfast H A, et al. Isolation of arboviruses from mosquitoes, biting midges, sandflies and vertebrates collected in Queensland, 1969 and 1970[J]. Trans R Soc Trop Med Hyg, 1973,67(4):536-543.

[69] Cybinski D H, George T S, Standfast H A, et al. Isolation of Tibrogargan virus, a new Australian rhabdovirus, from *Culicoides brevitarsis*[J]. Veterinary Microbiology, 1980, 5(4): 301-308.

[70] Lauck M, Yú S Q, Caì Y, et al. Genome sequence of Bivens Arm virus, a Tibrovirus belonging to the species Tibrogargan virus (Mononegavirales: Rhabdoviridae) [J]. Genome Announc,2015,3(2):e00089-e00015.

第6章　库蠓的生长周期、鉴别方法和越冬方式

李占鸿

6.1 库蠓的生长周期

库蠓是完全变态昆虫，生活史包括卵、幼虫、蛹和成虫 4 个阶段（图6-1）[1-3]。处于未成熟期的库蠓需要一定的水分和湿度。繁殖地包括：池塘、溪流、湿地、沼泽、滩涂、树洞、潮湿土壤、动物粪便、腐烂的水果及植物等[2]。

库蠓卵为香蕉型，长约400μm，宽约50μm[2]，每次产卵30 ～ 250枚，卵产出时为灰白色，随后迅速变为深色，不耐干燥，在适宜的温度及湿度环境中，经3 ～ 10d孵出幼虫[4]。

库蠓幼虫呈细长的蠕虫状，可进行蛇形或鳗鱼状运动，生活方式为“半水栖型”[4]，通常生活在距离表层0 ～ 5cm的湿润泥土中。幼虫共分为1 ～ 4龄，幼虫发育时间因种类及环境温度不同而异，通常在10 ～ 60d[4]。在温带地区，库蠓幼虫的发育时间可能会延长至数月，多数种类的库蠓以4龄幼虫滞育的方式进行越冬[2]。库蠓幼虫多为“植食性”，以藻类、菌类为食，但部分种类为“掠食性”，以线虫、轮虫、原生动物、小型节肢动物等为食[2]。

库蠓蛹通常可漂浮于水面，但某些种类库蠓（如*C. imicola*）则喜好“半湿型”环境，被水淹没会溺亡[4]。蛹的孵育时间很短，仅2 ～ 3d即可发育为成虫，但受库蠓种类及温度的影响，偶尔会持续3 ～ 4周[2]。

库蠓成虫为弱光性昆虫，活动高峰期为黄昏及黎明，在温带地区有明显的季节性，主要集中在夏初至秋末（5—10月）[2, 4]。雄虫吸食植物汁液，雌虫在每次产卵前需吸食动物血液，以获得卵成熟所需的蛋白质。库蠓吸血宿主范围较为广泛，包括人、家畜、家禽、各种野生动物等，但不同种类的库蠓对供血宿主有一定的选择性[4]。多数成虫的寿命仅10 ～ 20d，偶尔可能长达90d，其间可能会多次吸血[2]。成虫的飞行能力较弱，主要活动区域集中在繁殖地附近数百米范围内，但借助风力可传播至更远的距离，对虫媒病毒的传播起重要作用[3]。

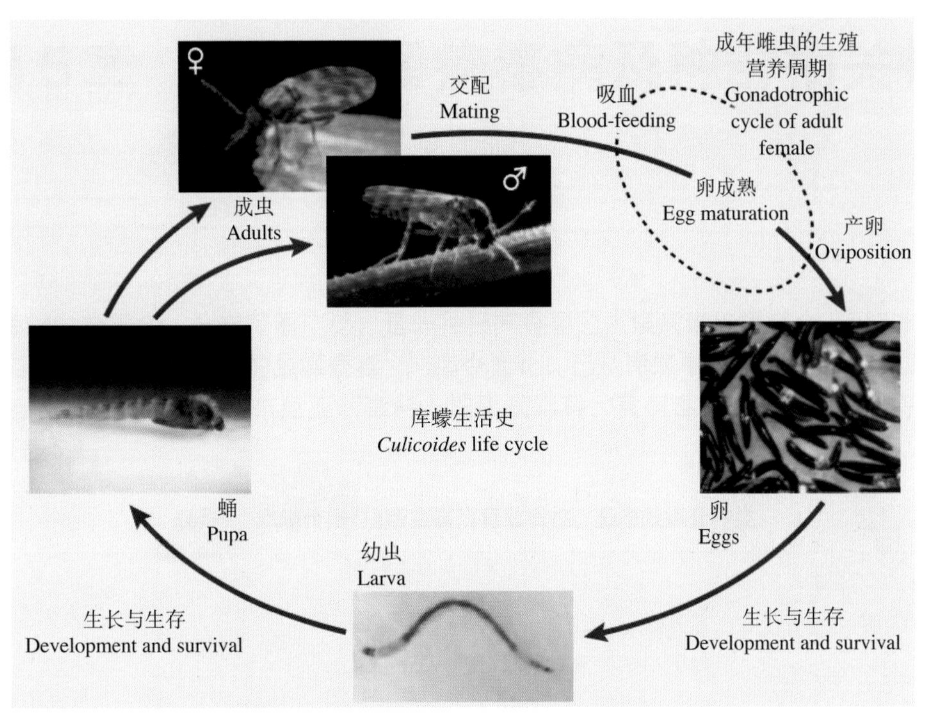

图6-1 库蠓生活史（Purse et al., 2005）

6.2 库蠓的生殖营养周期

库蠓发育为成虫后，即可进入生殖营养周期（Gonotrophic cycle）[5-6]，具体过程为：未经产雌虫与雄虫交配→雌虫吸血，获得卵发育成熟所需的蛋白质→雌虫怀孕→雌虫产卵→经产雌虫进入空怀期→经产雌虫与雄虫交配，进入第2个生殖营养周期。部分库蠓（如*C. circumscriptus*、*C. impunctatus*）在幼虫阶段已吸收足够的营养成分，因此，在第1个生殖营养周期中，不需要吸血，即可产生成熟的虫卵。

处于生殖营养周期不同阶段的雌性库蠓具有不同的身体特征，以此为依据，可对雌性库蠓的年龄阶段（age grade）进行判断（图6-2）。

（1）未经产空怀期（nulliparous empty）的库蠓：腹腔空白、接近透明，与雄虫腹腔相似，无色块沉着。

（2）交配及吸血后（blood feed）的库蠓：腹腔不透明，中肠充满血液，呈红色或深褐色；血液被消化完后，腹腔变小，可能呈黑色。

（3）怀孕期（gravid）的库蠓：腹腔不透明，腹腔两侧可见“雪茄形”的虫卵，腹腔顶部和腹壁伴有酒红色/紫红色色素沉积。

（4）经产空怀期（parous empty）的库蠓：腹腔空白、无虫卵，腹腔顶部和腹壁有酒红色/紫红色色素沉积。

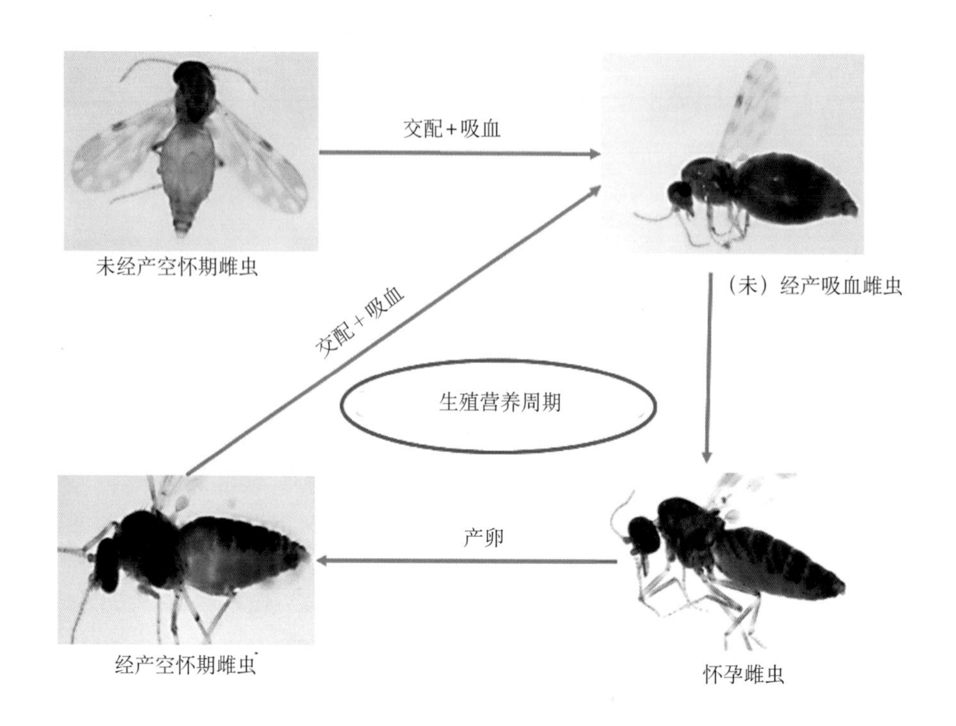

图6-2 库蠓的生殖营养周期

6.3 库蠓的鉴别方法

目前，全世界共认定了33个库蠓亚属及38个具有代表种的非正式亚属，共记录1 399种库蠓，包括1 347个现存种及52个化石种；中国共记录12个亚属、305种库蠓[7-8]。库蠓的鉴别方法主要有形态学鉴定方法及分子生物学鉴定方法两种。

6.3.1 形态学鉴别方法

形态学鉴别方法分为"传统形态学鉴别方法"以及新兴的"地标点－几何形态学鉴别方法"。

（1）传统形态学鉴别方法：主要根据成年库蠓体表特征进行鉴别，可供鉴别的体表特征包括翅色斑位置、数量、大小，翅大毛数量、分布，虫体及翅长度，触角长度、分布、类型和数量，触须各节段形状、大小和感受器的排列，后足胫节端鬃的数量和类型，有无眼间毛，雄虫尾器的形态，雌虫受精囊的形状、大小和数量等。

（2）地标点-几何形态学（landmark-based geometric morphometrics）鉴别方法：定义生物体上的同源点为地标点（landmark），并赋予坐标值（笛卡尔坐标，Cartesian coordinates），利用数学方法进行标准化处理，只保留形状变异单因素，使形状变异以数值化的形式表现出来。目前，地标点-几何形态学鉴别方法已应用于库蠓种群内近缘种、同种库蠓不同地理种群、环境对库蠓翅形态变化影响等研究[9-10]。

6.3.2 分子生物学鉴别方法

分子生物学鉴别方法以遗传物质DNA序列分析为依据来鉴定物种间的差别，从分子水平上快速而准确地鉴别物种。国内外学者已在库蠓分子分类学方面开展了大量研究工作。目前，已应用于库蠓种类鉴定的分子标识包括：线粒体DNA（mtDNA）中的细胞色素C氧化酶亚基Ⅰ（*COI*）基因、细胞色素C氧化酶亚基Ⅱ（*COII*）基因、28S rRNA、16S rRNA、18S rRNA和细胞色素B（*Cyt b*）基因，核糖体DNA（rDNA）内转录间隔区Ⅰ（*ITS1*）和内转录间隔区Ⅱ（*ITS2*），氨甲酰基磷酸合成酶（*CAD*）基因等[11]。

6.4 库蠓的越冬方式

目前，关于库蠓的越冬方式尚无明确定论。有研究发现，多种库蠓幼虫可以耐受低温，以滞育方式在牛粪堆或者表层土壤中越冬[2]，但耐受低温的具体机制尚不明确，可能与幼虫体内丙三醇含量的升高有一定关系[11-14]。也有研究报道，部分种类的库蠓可以卵的形式越冬，如*C. grisescens*、*C. punctatus*、*C. grisescens*、*C. festivipennis*、*C. obsoletus*等[15]。另据Stokes报道，*C. obsoletus*可以成虫的形式越冬[16]。

参考文献

[1] Edwards P B. Laboratory observations on the biology and life cycle of the Australian biting midge *Culicoides subimmaculatus* (Diptera: Ceratopogonidae) [J]. J Med Entomol, 1982, 19(5): 545-552.

[2] Mellor P S, Boorman J, Baylis M. *Culicoides* biting midges: their role as arbovirus vectors[J]. Annu Rev Entomol, 2000, 45:307-340.

[3] Purse B V, Mellor P S, Rogers D J, et al. Climate change and the recent emergence of bluetongue in Europe[J]. Nat Rev Microbiol, 2005, 3(2):171-181.

[4] Purse B V, Carpenter S, Venter G J, et al. Bionomics of temperate and tropical *Culicoides* midges: knowledge gaps and consequences for transmission of *Culicoides*-borne viruses[J]. Annu Rev Entomol, 2015, 60:373-392.

[5] Work T M, Mullens B A, Jessup D A. Estimation of survival and gonotrophic cycle length of *Culicoides variipennis* (Diptera: Ceratopogonidae) in California[J]. J Am Mosq Control Assoc, 1991, 7(2):242-249.

[6] Cribb B W. Oviposition and maintenance of *Forcipomyia* (*Lasiohelea*) *townsvillensis* (Diptera: Ceratopogonidae) in the laboratory[J]. J Med Entomol, 2000, 37(3): 316-318.

[7] Borkent A, Dominiak P. Catalog of the biting midges of the world (Diptera: Ceratopogonidae) [J]. Zootaxa, 2020, 4787(1): zootaxa.4787.1.1.

[8] Harrup L E, Bellis G A, Balenghien T, et al. *Culicoides* Latreille (Diptera: Ceratopogonidae) taxonomy: current challenges and future directions[J]. Infect Genet Evol, 2015, 30: 249-266.

[9] Hajd Henni L, Sauvage F, Ninio C, et al. Wing geometry as a tool for discrimination of Obsoletus group

(Diptera: Ceratopogonidae: *Culicoides*) in France[J]. Infect Genet Evol, 2014, 21:110-117.

[10] Muñoz-Muñoz F, Talavera S, Carpenter S, et al. Phenotypic differentiation and phylogenetic signal of wing shape in western European biting midges, *Culicoides* spp., of the subgenus *Avaritia*[J]. Med Vet Entomol, 2014, 28(3):319-329.

[11] Harrup L E, Bellis G A, Balenghien T, et al. *Culicoides* Latreille (Diptera: Ceratopogonidae) taxonomy: current challenges and future directions[J]. Infect Genet Evol, 2015, 30:249-266.

[12] Steinke S, Lühken R, Kiel E. Impact of freezing on the emergence of *Culicoides chiopterus* and *Culicoides dewulfi* from bovine dung[J]. Vet Parasitol, 2015, 209(1-2):146-149.

[13] Lühken R, Steinke S, Hoppe N, et al. Effects of temperature and photoperiod on the development of overwintering immature *Culicoides chiopterus* and *C. dewulfi*[J]. Vet Parasitol, 2015, 214(1-2):195-199.

[14] McDermott E G, Mayo C E, Mullens B A. Low temperature tolerance of *Culicoides sonorensis* (Diptera: Ceratopogonidae) eggs, larvae, and pupae from temperate and subtropical climates[J]. J Med Entomol, 2017, 54(2):264-274.

[15] Sprygin A V, Fiodorova O A, Babin Y Y, et al. *Culicoides* biting midges (Diptera, Ceratopogonidae) in various climatic zones of Russia and adjacent lands[J]. J Vector Ecol, 2014, 39(2):306-315.

[16] Stokes J E, Carpenter S, Sanders C, et al. Emergence dynamics of adult *Culicoides* biting midges at two farms in south-east England[J]. Parasit Vectors, 2022, 15(1):251.

第7章　养殖场虫媒病（库蠓）防制措施

肖雷

7.1 动物虫媒病预防的基本原则

动物虫媒传染病是以节肢动物为传播媒介的一类传染病。因此，其预防和控制重点与其他动物传染病有所不同，关键在于如何切断或消除以节肢动物为传播媒介这一途径，同时通过多种途径改善与提高动物的群体免疫力，保护易感动物。因此，对媒介昆虫的控制或消除是虫媒传染病预防和控制中至关重要的手段。

7.2 对传播媒介的控制

媒介生物性疾病的预防和控制，一靠接种疫苗，二靠控制媒介生物。对于还没有疫苗的媒介生物性疾病，控制媒介生物是唯一可行的预防措施。媒介节肢动物的种类较多，其滋生习性与生态习性也较复杂，必须依据不同种类的生态习性，根据媒介昆虫的防治特点，按照标本兼治、以本为主的原则进行防治，同时，应遵照一些共性要求，以经济、有效、简便和安全为原则，因地、因时制宜，采用由环境治理、物理防治、化学防治、生物防治等有效手段组成的综合措施，把靶标媒介控制在不足为害的水平，以达到除害灭病的目的。

7.2.1　防控对象和时间

在一个地区，一种虫媒病的媒介昆虫可能只有一种，也可能有数种。如果一个地区的某种虫媒病存在数种媒介昆虫，其中必有一种起主导作用，其他种则处于次要地位。因此，要防控某种虫媒病，首先应找出主要的媒介昆虫，采取有针对性的治理措施，迅速降低其密度。

库蠓是多种虫媒病（如蓝舌病、赤羽病、流行性出血热病等）的传播媒介，是主要的防控靶标媒介。控制库蠓的数量和密度是预防、控制虫媒病的关键。

媒介昆虫的出现均具有明显的季节性，应根据库蠓的季节消长，有针对性地选择杀灭时机。治理应在高峰出现前进行，以期取得良好的效果。夏季是多数媒介昆虫的繁殖高峰期，因此，在夏季之前和夏季，采取科学的方法，可以有效控制其密度。库蠓吸血多发生在黄昏及黎明，牲畜棚内的灭蚊、灭蠓时间最好在黄昏。

7.2.2 防治媒介昆虫的措施

许多虫媒病毒以蚊、库蠓为媒介传播，因此灭蚊灭蠓是预防的有效措施。全世界已知蠓科有5 000余种，我国现知的吸血蠓有400余种。研究表明：蠓是70余种病毒、近50种寄生虫的携带和传播媒介。蠓属于完全变态的昆虫，其生活过程有卵、幼虫、蛹及成虫四个时期，除成虫外，卵、幼虫、蛹均在水中生活。其滋生地很广泛，多为潮湿有水的地方（稻田、洼地、沼泽、树洞和富有机物的土壤）。雌蠓产卵在潮湿的土壤或植物表面。每次可产卵百余个，卵在20℃左右5d孵出幼虫。幼虫常集结在具有腐烂植物的积水或潮湿沃土中，约经2周变为蛹，蛹不活动，垂直悬浮在水面下，经3 ~ 5d羽化为成虫。成虫寿命1月余。仅雌蠓吸血，有的种类吸人和禽、畜血，有的种类嗜吸人血。成虫常栖息于温暖湿润的洞穴、杂草、树丛等避光处。因此，在防治措施上，必须结合实际情况和具体条件综合防治。通过改善环境卫生、消除滋生条件、消灭蠓的滋生场所，同时采取物理或化学的防治方法杀灭成蠓和幼虫，可以取得较好的防治效果。

7.2.3 加强对媒介昆虫的监测

对媒介昆虫的监测是做好虫媒传染病防治工作的前提和基础，要建立媒介昆虫的消长情况监测系统，及时掌握媒介昆虫的消长情况，一旦发现媒介昆虫的物种结构出现变化、携带病原体或出现危险虫情时，要及时研究，制订应对措施，及时消除媒介昆虫对人或动物的威胁。

媒介昆虫分布广、繁殖快。治理区的媒介昆虫密度下降后，防治工作必须保持一段时间，不仅要控制残余个体的繁殖，而且要防止其他媒介昆虫从治理区外迁入。防治媒介昆虫应坚持不懈，反复进行，把经常性与突击性结合起来。

7.3 综合防治措施

7.3.1 环境治理

以改造环境为重点，清除媒介昆虫滋生地，减少媒介昆虫栖息地，改善人及动物的居住条件和生活习惯，减少动物或人与虫接触的机会，做到“标本兼治、治本为主”。

治理环境，铲除媒介动物的滋生地，是防治虫媒病的基本且行之有效的方法。各种媒介动物的生存和繁殖都需要一些特定的生态条件，任何改变这些生态条件的措施，都必然对媒介动物群产生不同的影响。例如，对小面积积水处，采取翻缸、倒罐、填塞树洞、清除积水、铲除杂草、平整荒地、开挖沟渠等方式来消除滋生地；对废水、废物、动物粪便的无害化处理，畜圈、禽舍的勤扫、勤垫、勤除、保持清洁干燥等都能有效控制蠓的密度。

7.3.2 物理防治

一般采用灯光诱杀。用黑光诱虫灯或紫外线诱虫灯、蓝光诱虫灯，于黄昏、夜晚放在草坪周围成蠓较多的地方，开灯诱杀，效果良好。此外，清除滋生水体或集中捕捞卵块、幼虫和蛹，可大大减少蠓类滋生。

7.3.3 化学防治

（1）灭蠓幼虫。对一时难以清除干净的滋生场所，如污水坑、沟、水塘、荷花池及沼泽地等，可定期喷洒药剂杀灭蠓幼虫。使用方法如下：用50%对硫磷乳油、50%倍硫磷乳油、50%马拉硫磷乳油、50%辛硫磷乳油，以1：200倍兑水稀释后，喷洒在积水的四周水面，使水中含药量为1～2mg/kg，可杀灭水中蠓幼虫，并能保持1～2周的残效；或用2%倍硫磷颗粒剂或1%对硫磷颗粒剂，每公顷7.5～15kg喷洒于水面，对灭蠓幼虫有较长时间的残效；对陆生型滋生场所，采用70% 防虫磷（$2g/m^2$），有效控制期为15d。此外，5%硫甲双磷颗粒杀幼虫剂也可提供较长时间的杀灭效果，适宜对吸血蠓滋生地的喷施。在国外，用毒死蜱和双硫磷颗粒剂（用量均为$178g/hm^2$）在野外喷施滋生地，施药后幼虫死亡率分别为100%和86.7%；而用同样的两种杀虫剂（剂量分别为0.05～0.2 mg/L和0.5～2.0 mg/L）喷施杂翅库蠓滋生地，施药后幼虫死亡率均大于98%。对潮湿松软的地面，可喷洒3%马拉硫磷粉剂或2%倍硫磷粉剂，用量为30～$50g/m^2$，杀灭蠓幼虫。应用除虫菊酯杀幼虫剂（$701g/hm^2$）处理杂翅库蠓滋生地，施药后幼虫密度下降99.3%。

（2）灭成蠓。用超低容量喷雾机喷雾，通常使用的杀虫剂有溴氰菊酯、噁虫威、二氯苯醚菊酯、氯氰菊酯、甲基嘧啶磷等。研究发现，2.5%溴氰菊酯可湿性粉及70%防虫磷乳油，均能有效地杀灭进入室内的吸血蠓，而且持效期不低于2个月，而应用溴氰菊酯在田间开展药剂滞效实验，滞效时间可达35d以上。此外，以50%马拉硫磷乳油、50%辛硫磷乳油、50%杀螟松乳油，每公顷450～1 500mL大面积灭成蠓。用背负式机动喷雾机，喷洒0.5%～1%马拉硫磷乳液50～$100mL/m^2$，或1%害虫敌乳液 50～$100mL/m^2$，对成蠓有速杀作用而且残效期较长。每公顷用5%敌敌畏柴油药液4.5～6.0 L或5%害虫敌煤油稀释液，每公顷2～2.5L，喷后30min可杀灭库蠓90%以上。

具体施药量、施药时间、施药方法参照相关药剂使用说明书进行。

7.3.4 生物防治

随着人们对环境保护、昆虫抗药性、杀虫剂污染等问题的日益重视，生物防治已成为媒介生物综合治理的一个重要组成部分。现已发现多种可能应用于吸血蠓防治的生物防治物。澳大利亚在真菌防治吸血蠓方面做了较多的研究，美洲和欧洲利用*Heleidomermis*线虫对杂翅库蠓的防治展开研究。此外，病毒、小孢子虫等致病体均可能应用于吸血蠓的生物防治，但这种防治方法显效较慢，而且受靶标生物密度制约，一般不能达到较好的防治效果，只能作为综合防治的一种辅助手段。

7.3.5 畜舍防护

在畜舍周围100m内清除杂草和昆虫滋生地并做到舍内通风明亮、清洁干燥，给动物畜舍安装隔离纱网、帐帘或经浸泡吸附一定量趋避剂和辅型剂的纱门、纱窗，能够有效地减少蠓侵入室内。

主要参考文献

[1] 刘胜利. 动物虫媒病与检验检疫技术[M]. 北京; 科学出版社, 2011:78-91.

[2] 董柏青, 谭毅. 热带地区重要虫媒传染病的预防与控制[J]. 中国热带医学, 2005, 5(8):1718-1721.

[3] 唐家琪. 自然疫源性疾病[M]. 北京: 科学出版社, 2005: 3-44

[4] 虞以新. 中国蠓科昆虫[M]. 北京: 军事医学科学出版社. 2006:1-72.

[5] 王飞鹏, 黄思炯. 吸血蠓防治研究进展(双翅目: 蠓科)[J] 中国人兽共患病学报. 2015, 31(5): 467-471.

[6] 杨振洲, 宋宏彬. 卫生杀虫药械应用指南[M]. 北京: 军事医学科学出版社, 2008: 318.

第8章 库蠓标本的制作

肖雷

8.1 设备和材料

解剖显微镜，细钳和解剖针，优质玻璃显微镜载玻片，10mm盖玻片，规格为25mm的皮下注射器针头或A1规格的昆虫显微针，70%、80%、90%及无水乙醇，纯丁香油，Euparal胶或加拿大树胶。

8.2 方法

制作标本的库蠓，必须选择所有足和触角节、翅完好无损的样本。腹部无血或卵的标本为好。库蠓经过蛋白酶K消化或者未被消化都可以。经蛋白酶K消化后（4℃过夜）的消化液可以进行核酸检测，消化后样品用于制作标本。标本制作步骤如下。

（1）将选好的标本放入70%乙醇中浸泡10min固定后，再依次移至80%、90%乙醇中各浸泡10min，最后无水乙醇浸泡1h（过夜最好）。

（2）将标本移至无水乙醇与纯丁香油比为50：50的溶液中过夜。

（3）取出标本放入纯丁香油中浸泡3d。

（4）在载玻片上滴一滴纯丁香油，标本放入其中。

（5）用针头取出标本两翼。最好将标本放在背部或侧面，使翅膀朝背，远离身体，用一根针固定翅膀的根部，用另一针穿过翅膀的底部，将翅膀切得尽可能靠近身体，以确保基底弓肌附着在翅膀上。

（6）使用针头，取下标本头部、胸部和整个腹部（雌性）或腹部尖端（雄性）。

（7）在载玻片标本各部位放置处滴一滴Euparal胶（布局如图8-1）。

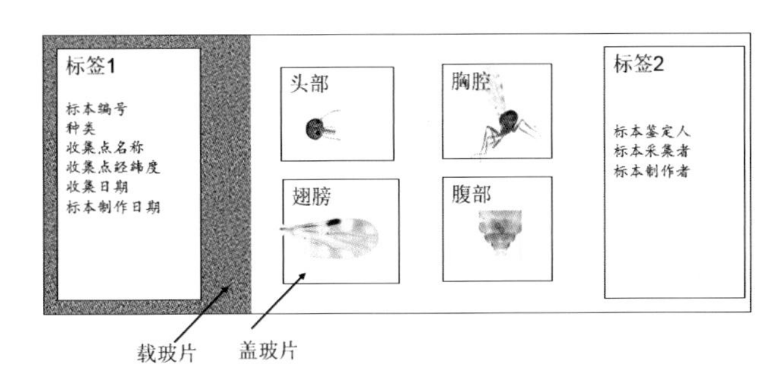

图8-1 标本位置图

（8）头部标本朝上放置，头部和胸部两侧放置多块破损的盖玻片以支撑盖玻片，避免盖玻片造成标本损伤。

（9）将Euparal胶薄薄地涂满整个载玻片后，盖上盖玻片，轻轻推动除去多余的Euparal胶。

（10）将玻片在烤箱中干燥3周以上，多次检查，确保盖玻片边缘没有空气进入。如果有的话，用Euparal胶封闭。